职业院校"互联网+"立体化教材——公共基础课系列

安全至上
——职业学校学生安全教育

王桂珍　解金键　主编

电子工业出版社
Publishing House of Electronics Industry
北京·BEIJING

未经许可，不得以任何方式复制或抄袭本书之部分或全部内容。
版权所有，侵权必究。

图书在版编目（CIP）数据

安全至上：职业学校学生安全教育 / 王桂珍，解金键主编 . —北京：电子工业出版社，2022.7（2024.9 重印）
ISBN 978-7-121-43923-0

Ⅰ. ①安⋯　Ⅱ. ①王⋯ ②解⋯　Ⅲ. ①安全教育—中等专业学校—教材　Ⅳ. ①G634.201

中国版本图书馆 CIP 数据核字（2022）第 117514 号

责任编辑：康　静
印　　刷：固安县铭成印刷有限公司
装　　订：固安县铭成印刷有限公司
出版发行：电子工业出版社
　　　　　北京市海淀区万寿路 173 信箱　邮编 100036
开　　本：787×1092　1/16　印张：12　字数：307.2 千字
版　　次：2022 年 7 月第 1 版
印　　次：2024 年 9 月第 3 次印刷
定　　价：52.00 元

凡所购买电子工业出版社图书有缺损问题，请向购买书店调换。若书店售缺，请与本社发行部联系，联系及邮购电话：（010）88254888，88258888。
质量投诉请发邮件至 zlts@phei.com.cn，盗版侵权举报请发邮件至 dbqq@phei.com.cn。
本书咨询联系方式：（010）88254609，hzh@phei.com.cn。

前　　言

国家安全是安邦定国的重要基石，维护国家安全是全国各族人民根本利益之所在。习近平总书记多次强调，要牢固树立和认真贯彻总体国家安全观，要走中国特色国家安全道路，努力开创国家安全工作新局面，要以人民安全为宗旨，不断增强人民群众的获得感、幸福感、安全感。

安全是人们除生理之外的最大需求，无论处于生命的哪个阶段，都要与安全朝夕相伴。安全是人的生命天使，健康之本；安全伴随着幸福，安全创造着财富。

"生命财产高于一切，安全责任重于泰山"。做好学生安全知识教育，是学生顺利完成学业的安全保障，是落实以人为本的科学发展观和习近平总书记"四个全面"战略部署的重要体现，是保持社会和谐稳定的重要环节。作为教育工作者，如何守好安全教育这段渠，担负起学生健康成长指导者和引路人的责任，如何引领学生正确认识安全、重视安全，成为社会主义合格的建设者和可靠接班人成为我们思考的重点。于是，本书就应运而生了。

作者根据多年中职和高职的实际教学及工作经验，在汲取该领域先进理论成果的基础上，紧密结合学生学习、生活实际，在专家的指导和各位编者的共同努力下，我们编写了此书，旨在帮助学生热爱生活、珍惜生命，增强自我保护、自我救助的意识和能力。

本书共分为十章，内容包括国家安全、学习与生活安全、人身安全、财产安全、消防安全、出行安全、网络安全、工作安全、自然灾害安全、自救与求助。本书紧紧围绕学生学习、生活、工作和成长等方面进行编写，是学生入学教育课程的必备教材，也是关注自身成长的朋友的有益读本。

本书以学生需求和兴趣为导向，附有大量案例、图片、小故事、二维码视频等资料，力求做到学生喜爱和易于接受，帮助学生更好地理解所要讲述的内容；每章增加了思考讨论、典型案例、自我拓展练习等内容，以达到知行合一、学以致用的效果；本书最新增加了有关新冠肺炎疫情防控等方面的安全知识，力求做到与时俱进；本书还提供了较为实用的法律条文等，有利于引导学生健康成长成才。本书既便于阅读、掌握理论知识，也便于课堂实训的组织；既便于教师教学，也便于读者自主学习。

本书由山东劳动职业技术学院王桂珍、解金键担任主编，宋俊生、吴春燕、张宏伟、耿际华、于超（山东商业职业技术学院）、赵君利（山东圣翰财贸职业学院）担任副主编，张海花、李晓琦、王常胜、张云飞、吕一姣、贺同伟、孙宗军、李东萍（济南二机床集团有限公司）、李玉强（山东天鹅棉业机械股份有限公司）等参编；田文太担任主审。具体的编写分工如下：前言由解金键编写，第一章由宋俊生负责编写，第二章由王桂珍、张海花负责编写，第三章由张宏伟负责编写，第四章由张云飞负责编写，第五章由吴春燕、赵君利负责编写，第六章由李晓琦、耿际华负责编写，第七章由吕一姣、李东萍负责编写，第八章由解金键、于超负责编写，第九章由王常胜、孙宗军负责编写，第十章由贺同伟、李玉强负责编写，最后由王桂珍、解金键统稿。

本书坚持聚焦为党育人、为国育才的使命任务，全面准确领会和融入二十大精神，充分发挥教材的铸魂育人功能，为培养德智体美劳全面发展的社会主义建设者和接班人奠定坚实基础。

　　本书在编写过程中，借鉴了有关专家和学者的教材、著作及相关材料，并引用了其中的一些内容和案例，在此表示诚挚的谢意。

　　由于时间仓促，且编者水平有限，书中难免存在疏漏和不足之处，愿请专家和广大读者批评指正。

编　者

目　　录

第一章　国家安全——国家利益，高于一切 ··· 1
第一节　维护国家安全 ··· 2
第二节　保守国家秘密 ··· 12
小结 ··· 20
自我拓展练习 ··· 20

第二章　学习与生活安全——知己知彼，融入校园 ··· 21
第一节　交际安全 ··· 21
第二节　实训安全 ··· 26
第三节　活动安全 ··· 30
第四节　饮食安全 ··· 32
小结 ··· 34
自我拓展练习 ··· 35

第三章　人身安全——面对危险，敢于亮剑 ··· 36
第一节　校园欺凌应对 ··· 36
第二节　有效预防性侵害 ··· 40
第三节　卫生防疫应对 ··· 41
第四节　心理健康应对 ··· 44
小结 ··· 47
自我拓展练习 ··· 48

第四章　财产安全——提高认知，防患于未然 ··· 49
第一节　校园防盗应对 ··· 49
第二节　校园防骗应对 ··· 54
第三节　校园防抢应对 ··· 59
第四节　校园敲诈勒索应对 ··· 63
小结 ··· 69
自我拓展练习 ··· 69

第五章　消防安全——预防为主，生命至上 …………………………… 70

第一节　校园火灾的特点和类型 ………………………………………… 70
第二节　校园火灾的预防 ………………………………………………… 75
第三节　灭火常识 ………………………………………………………… 78
第四节　灭火救助 ………………………………………………………… 81
小结 ………………………………………………………………………… 88
自我拓展练习 ……………………………………………………………… 88

第六章　出行安全——遵纪守法，文明出行 …………………………… 89

第一节　行人交通安全 …………………………………………………… 89
第二节　乘坐公共交通工具安全 ………………………………………… 93
第三节　驾驶非机动车交通安全 ………………………………………… 99
第四节　驾驶机动车交通安全 …………………………………………… 103
小结 ………………………………………………………………………… 107
自我拓展练习 ……………………………………………………………… 108

第七章　网络安全——一"网"情深，不可沉迷 ……………………… 109

第一节　网络安全基本知识 ……………………………………………… 109
第二节　沉迷网络与预防 ………………………………………………… 112
第三节　网络社交安全 …………………………………………………… 118
第四节　网络购物与诈骗 ………………………………………………… 124
小结 ………………………………………………………………………… 127
自我拓展练习 ……………………………………………………………… 127

第八章　工作安全——未雨绸缪，防微杜渐 …………………………… 128

第一节　社会实践安全 …………………………………………………… 128
第二节　校外实习安全 …………………………………………………… 132
第三节　求职安全 ………………………………………………………… 134
第四节　就业创业安全 …………………………………………………… 139
小结 ………………………………………………………………………… 146
自我拓展练习 ……………………………………………………………… 146

第九章　自然灾害安全——居安思危，有备无患 ……………………… 147

第一节　地震、火山、海啸 ……………………………………………… 148
第二节　山崩、滑坡、泥石流 …………………………………………… 155
第三节　雷电、洪涝、冰雹 ……………………………………………… 160
第四节　大风、雾霾、沙尘暴 …………………………………………… 165

小结 ……………………………………………………………………………… 171
　　自我拓展练习 …………………………………………………………………… 172

第十章　自救与求助——出入相伴，守望相助 …………………………………… 173
　　第一节　自救 …………………………………………………………………… 173
　　第二节　求助电话的使用 ……………………………………………………… 179
　　小结 ……………………………………………………………………………… 182
　　自我拓展练习 …………………………………………………………………… 182

参考文献 ………………………………………………………………………………… 184

第一章 国家安全——国家利益，高于一切

📖 **导读**

历史深刻表明，爱国主义自古以来就流淌在中华民族血脉之中，去不掉，打不破，灭不了，是中国人民和中华民族维护民族独立和民族尊严的强大精神动力。

要把加强青少年的爱国主义教育摆在更加突出的位置，把爱我中华的种子埋入每个孩子的心灵深处。

要全面贯彻落实党的民族政策，坚持和完善民族区域自治制度，不断增强各民族人民对伟大祖国的认同、对中华民族的认同、对中华文化的认同、对中国特色社会主义道路的认同，更好维护民族团结、社会稳定、国家统一。

我们开创中华民族伟大复兴新局面，必须弘扬伟大的爱国主义精神。

——习近平

📖 **学习目标**

知识与技能目标：熟悉国家安全内涵；掌握危害国家安全行为的特征及表现形式；掌握维护国家安全的具体措施。

过程与方法目标：学会思考和判断哪些行为是危害国家安全的行为。

情感、态度与价值观目标：培养学生树立正确的世界观、人生观和价值观，厚植爱国主义情怀。

学习重点：危害国家安全的表现形式；维护国家安全的具体措施；保护国家秘密的措施。

学习难点：培养青少年学生正确的国家安全观，厚植爱国主义情怀。

第一节 维护国家安全

导入

安安是某中学学生，家住部队家属院，父亲是某军区部队干部。安安从小深受父亲影响，立志成为父亲那样的人，对于军事方面的知识特别感兴趣，是一个军事爱好者，有时经部队后意还会随父亲出入军营。偶然一次安安收到一个QQ好友（某敌国间谍）申请，两人简短交谈后发现兴趣相投、相谈甚欢，于是相互添加为好友。

一次聊天时安安把一张在军营拍摄的照片分享给了好友（某敌国间谍），几天后好友告诉安安说，他的一张聊天图片获奖了，被某网站采用了，还把稿费发给了安安，并告诉安安以后可以多提供这样或类似的照片，可获得更多的稿费。于是乎安安在毫无防范意识的状态下，趁与父亲在军营相聚时偷偷拍摄照片，并发给该好友。事后被国家安全局网络监控并截获，告知安安"泄密"！

思考讨论

1. 什么是国家安全，国家安全包含哪些方面的内容？
2. 哪些行为属于危害国家安全的行为？
3. 青少年该如何维护国家安全？

一、国家安全

国家安全是指一个国家处于没有危险的客观状态，也就是国家既没有外部的威胁和侵害，又没有内部的混乱和疾患的客观状态。

《中华人民共和国国家安全法》第二条规定："国家安全是指国家政权、主权、统一和领土完整、人民福祉、经济社会可持续发展和国家其他重大利益相对处于没有危险和不受内外威胁的状态，以及保障持续安全状态的能力。"

首先，国家安全是国家没有外部的威胁与侵害的客观状态。

所谓外部的威胁与侵害，大致可分为外部自然界的威胁和侵害与外部社会的威胁和侵害两大类，但由于国家安全是一种社会现象，因此国家的外部威胁和侵害也就主要是指处于一国之外的其他社会存在对本国造成的威胁和侵害。从威胁和侵害者看，这种外部威胁和侵害包括：

（1）其他国家的威胁。

（2）非国家的其他外部社会组织和个人的威胁，如某些国际组织或地区组织对某国的威胁和侵害。

（3）国内力量在外部所形成的威胁和侵害，如国内反叛组织在国外从事的威胁和侵害本国的活动。

其次，国家安全是国家没有内部的混乱与疾患的客观状态。

危及国家生存的力量不仅来源于一个国家的外部，而且还时常来源于一个国家的内部。国内的混乱、动乱、骚乱、暴乱，以及其他各种形式的疾患，都会危害到国家生存，造成国家的不安全。

只有在同时没有内外两方面危害的前提下，国家才安全，因此，这两个方面的统一，是国家安全的特有属性。

无论是"没有外部威胁"，还是"没有内部混乱"，都不是国家安全的特有属性，由此并不能把国家安全与国家不安全完全区别开来，单独从这两方面的任何一方面来定义国家安全，都是片面的、无效的。

二、国家安全的基本内容

习近平总书记在二十大报告《高举中国特色社会主义伟大旗帜，全面贯彻新时代中国特色社会主义思想，弘扬伟大建党精神，自信自强、守正创新，踔厉奋发、勇毅前行，为全面建设社会主义现代化国家、全面推进中华民族伟大复兴而团结奋斗》中指出，国家安全是民族复兴的根基，社会稳定是国家强盛的前提。必须坚定不移贯彻总体国家安全观，把维护国家安全贯穿党和国家工作各方面全过程，确保国家安全和社会稳定。

【1-1 国家安全内容】

我们要坚持以人民安全为宗旨、以政治安全为根本、以经济安全为基础、以军事科技文化社会安全为保障、以促进国际安全为依托，统筹外部安全和内部安全、国土安全和国民安全、传统安全和非传统安全、自身安全和共同安全，统筹维护和塑造国家安全，夯实国家安全和社会稳定基层基础，完善参与全球安全治理机制，建设更高水平的平安中国，以新安格局保障新发展格局。

我们要健全国家安全体系，完善高效权威的国家安全领导体制，完善国家安全法治体系、战略体系、政策体系、风险监测预警体系、国家应急管理体系，构建全域联动、立体高效的国家安全防护体系。增强维护国家安全能力，坚定维护国家政权安全、制度安全、意识形态安全，确保粮食、能源资源、重要产业链供应链安全，维护我国公民、法人在海外合法权益，筑牢国家安全人民防线。提高公共安全治理水平，坚持安全第一、预防为主，完善公共安全体系，提高防灾减灾救灾和急难险重突发公共事件处置保障能力，加强个人信息保护。

当代国家安全包括12个方面的基本内容：政治安全、国土安全、军事安全、经济安全、文化安全、社会安全、科技安全、网络安全、生态安全、资源安全、核安全、海外利益安全。

【1-2 国家安全之政治安全案例】

1. 政治安全

政治安全攸关党和国家安危，其核心是政权安全和制度安全。政治安全是国家安全的根本，经济、社会、网络、军事等领域安全的维系，最终都需要以政治安全为前提条件；其他领域的安全问题，也会反作用于政治安全。

二十大报告指出，坚决维护国家安全，防范化解重大风险，保持社会大局稳定，大力度推进国防和军队现代化建设，全方位开展中国特色大国外交，全面推进党的建设新的伟大工程。

2. 国土安全

国土安全涵盖领土、自然资源、基础设施等要素，是指领土完整、国家统一、海洋权益及边疆边境不受侵犯或免受威胁的状态。国土安全是立国之基，是传统安全备受关注的首要方面。

二十大报告指出，面对香港局势动荡变化，我们依照宪法和基本法有效实施对特别行政区的全面管治权，制定实施香港特别行政区维护国家安全法，落实"爱国者治港"原则，香港局势实现由乱到治的重大转折。面对"台独"势力分裂活动和外部势力干涉台湾事务的严重挑衅，我们坚决开展反分裂、反干涉重大斗争，展示了我们维护国家主权和领土完整、反对"台独"的坚强决心和强大能力。面对国际局势急剧变化，我们保持战略定力，发扬斗争精神，在斗争中维护国家尊严和核心利益，牢牢掌握了我国发展和安全主动权。

3. 军事安全

军事安全是指国家不受外部军事入侵和战争威胁的状态，以及保障这一持续安全状态的能力。军事安全既是国家安全体系的重要领域，也是国家其他安全的重要保障。新形势下维护我国军事安全，要有效应对国家面临的各类安全威胁，筹划和推进国防与军队建设，平时要营造态势、预防危机，战时要遏制战争、打赢战争。

二十大报告指出，加快把人民军队建成世界一流军队，是全面建设社会主义现代化国家的战略要求。必须贯彻新时代党的强军思想，贯彻新时代军事战略方针，坚持党对人民军队的绝对领导，坚持政治建军、改革强军、科技强军、人才强军、依法治军，加快军事理论现代化、军队组织形态现代化、军事人员现代化、武器装备现代化，坚持边斗争、边备战、边建设，坚持机械化信息化智能化融合发展，提高捍卫国家主权、安全、发展利益战略能力，有效履行新时代人民军队使命任务。

4. 经济安全

经济安全是国家安全体系的重要组成部分，是国家安全的基础。维护经济安全，核心是坚持社会主义基本经济制度不动摇，不断完善社会主义市场经济体制，坚持发展是硬道理，不断提高国家的经济整体实力、竞争力和抵御内外各种冲击与威胁的能力，重点防范好各种重大风险挑战，保护国家根本利益不受损害。

二十大报告指出，我们对新时代党和国家事业发展作出科学完整的战略部署，提出实现中华民族伟大复兴的中国梦，以中国式现代化推进中华民族伟大复兴，统揽伟大斗争、伟大工程、伟大事业、伟大梦想，明确"五位一体"总体布局和"四个全面"战略布局，确定稳中求进工作总基调，统筹发展和安全，明确我国社会主要矛盾是人民日益增长的美好生活需要和不平衡不充分的发展之间的矛盾，并紧紧围绕这个社会主要矛盾推进各项工作，不断丰富和发展人类文明新形态；我们要坚持以推动高质量发展为主题，把实施扩大内需战略同深化供给侧结构性改革有机结合起来，增强国内大循环内生动力和可靠性，提升国际循环质量和水平，加快建设现代化经济体系，着力提高全要素生产率，着力提升产业链供应链韧性和安全水平，着力推进城乡融合和区域协调发展，推动经济实现质的有效提升和量的合理增长。

5. 文化安全

文化是民族的血脉，是人民的精神家园。文化安全是国家安全的重要保障，包括语言文字的安全、风俗习惯的安全、价值观念的安全和生活方式的安全等。维护国家文化安全，必须坚持社会主义先进文化前进方向，坚持以人民为中心的工作导向，坚定文化自信，增强文化自觉，加快文化改革发展，加强社会主义精神文明建设，建设社会主义文化强国。

二十大报告指出，要增强全党全国各族人民的志气、骨气、底气，不信邪、不怕鬼、不怕压，知难而进、迎难而上，统筹发展和安全，全力战胜前进道路上各种困难和挑战，依靠顽强斗争打开事业发展新天地。

6. 社会安全

社会安全是国家安全的重要内容，包括防范、消除、控制直接威胁社会公共秩序和人民群众生命财产安全的治安、刑事、暴力恐怖事件，以及规模较大的群体性事件等。维护社会安全的工作涉及打击犯罪、维护稳定、社会治理、公共服务等各个方面，与人民群众切身利益息息相关。

二十大报告指出，我们深入贯彻以人民为中心的发展思想，在幼有所育、学有所教、劳有所得、病有所医、老有所养、住有所居、弱有所扶上持续用力，建成世界上规模最大的教育体系、社会保障体系、医疗卫生体系，人民群众获得感、幸福感、安全感更加充实、更有保障、更可持续，共同富裕取得新成效；我们贯彻总体国家安全观，国家安全领导体制和法治体系、战略体系、政策体系不断完善，在原则问题上寸步不让，以坚定的意志品质维护国家主权、安全、发展利益，国家安全得到全面加强，扫黑除恶专项斗争取得阶段性成果，有力应对一系列重大自然灾害，平安中国建设迈向更高水平。

7. 科技安全

科技安全是指科技体系完整有效，国家重点领域核心技术安全可控，国家核心利益和安全不受外部科技危害，以及保障持续安全状态的能力。科技安全是国家安全体系的重要组成部分，是支撑国家安全的重要力量。维护科技安全既要确保科技自身安全，更要发挥科技支撑引领作用，确保相关领域安全。

【1-3 国家安全之网络安全】

8. 网络安全

当今世界，网络空间已成为与陆地、海洋、天空、太空同等重要的人类活动新领域。同时，网络安全也相伴而生，世界范围内网络犯罪时有发生，网络监听、网络攻击、网络恐怖主义等成为全球公害。网络安全与政治安全、经济安全、文化安全、社会安全、军事安全等领域相互交融、相互影响，已成为我国面临的最复杂、最现实、最严峻的非传统安全问题之一。

【1-4 国家安全之生物安全】

9. 生态安全

生态安全是指一个国家具有支撑国家生存发展的较为完整、不受威胁的生态系统，以及应对国内外重大生态问题的能力。我国作为一个领土、人口大国，随着经济社会的快速发展，资源约束趋紧，环境污染严重，生态系统退化，生态问题日益成为经济社会发展中的焦点问题。维护生态安全直接关系人民群众福祉、经济可持续发展和社会长久稳定，生态安全成为国家安全体系的重要组成部分和基石。

二十大报告指出，我们坚持绿水青山就是金山银山的理念，坚持山水林田湖草沙一体化保护和系统治理，全方位、全地域、全过程加强生态环境保护生态文明制度体系更加健全，生态环境保护发生历史性、转折性、全局性变化，我们的祖国天更蓝、山更绿、水更清。

10. 资源安全

从国家安全角度看，资源的构成包括水资源、能源资源、土地资源、矿产资源等多方面。资源安全的核心是保证各种重要资源充足、稳定、可持续供应，在此基础上，追求以合理价格获取资源，以集约节约、环境友好的方式利用资源，保证资源供给的协调和可持续。

二十大报告指出，全面推进乡村振兴，坚持农业农村优先发展，巩固拓展脱贫攻坚成果，加快建设农业强国，扎实推动乡村产业、人才、文化、生态、组织振兴，全方位夯实粮食安全根基，牢牢守住十八亿亩耕地红线，确保中国人的饭碗牢牢端在自己手中。

11. 核安全

核能的开发利用给人类发展带来了新的动力。同时，核能发展也伴生着核安全风险和挑战，核武器扩散、核武器国家的对峙和军备竞赛依然存在。随着国际恐怖主义威胁的上升，潜在的核恐怖主义已成为国际社会的隐忧。遍布世界的核材料、核设施，存在着因核事故、核犯罪而导致核污染、核泄漏乃至核攻击的风险。

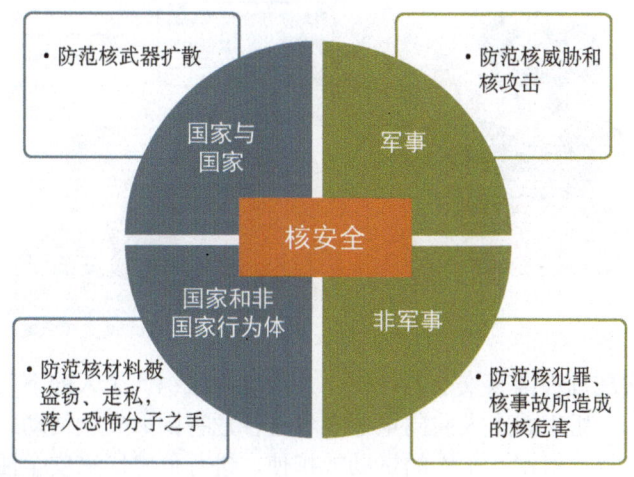

12. 海外利益安全

海外利益是国家利益的重要组成部分。海外利益安全主要包括海外能源资源安全、海上战略通道及海外公民、法人的安全，其维护方式多种多样，如开展海上护航、撤离海外公民、应急救援。随着新一轮对外开放全面推进，特别是"一带一路"建设加快实施，海外利益安全日益关乎我国整体发展利益和国家安全，维护海外利益安全成为一项重要任务。

二十大报告指出，中国提出了全球发展倡议、全球安全倡议，愿同国际社会一道努力落实。我们真诚呼吁，世界各国弘扬和平、发展、公平、正义、民主、自由的全人类共同价值，促进各国人民相知相亲，共同应对各种全球性挑战。中国人民愿同世界人民携手开创人类更加美好的未来！

三、危害国家安全的行为

《中华人民共和国国家安全法》及其实施细则所称危害国家安全的行为，是指阴谋颠覆政府、分裂国家、推翻社会主义制度的；参加间谍组织或者接受间谍组织及其代理人的任务的；窃取、刺探、收买、非法提供国家秘密的；策动、勾引、收买国家工作人员叛变的；进行危害国家安全的其他破坏活动

【1-5 国家安全之间谍窃密案例】

的行为，主要包括下列行为：
（1）阴谋颠覆政府，分裂国家，推翻社会主义制度的。
（2）参加间谍组织或者接受间谍组织及其代理人任务的。
（3）窃取、刺探、收买、非法提供国家秘密的。
（4）策划、勾引、收买国家工作人员叛变的。
（5）进行危害国家安全的其他破坏活动的。
所谓"资助"实施危害国家安全的行为，是指境外机构、组织、个人的下列行为：
（1）向有危害国家安全行为的境内组织、个人提供经费、场所和物资的。
（2）向境内组织、个人提供用于进行危害国家安全活动的经费、场所和物资的。

所谓"勾结"实施危害国家安全的行为，是指境内组织、个人的下列行为：
（1）与境外机构、组织、个人共同策划或者进行危害国家安全活动的。
（2）接受境外机构、组织、个人的资助或指使，进行危害国家安全活动的。
（3）与境外机构、组织、个人建立联系，取得支持、帮助，进行危害国家安全活动的。
针对其他危害国家安全的破坏活动，国家法律法规也做出了列举式的规定，例如：
（1）组织、策划或者实施危害国家安全的恐怖活动的。
（2）捏造、歪曲事实，发表、散布文字或议论，或者制作、传播音像制品，危害国家安全的。
（3）利用设立社会团体或者企业事业组织，进行危害国家安全活动的。
（4）利用宗教进行危害国家安全活动的。
（5）制造民族纠纷，煽动民族分裂，危害国家安全的。
（6）境外个人违反有关规定，不听劝阻，擅自会见境内有危害国家行为或者有危害国家安全行为重大嫌疑的人员的。

四、法律责任

危害国家安全行为的表现形式是多种多样的，其行为危害了我们国家的安全、统一、和谐，给我国政治、经济、民族团结等各方面带来巨大损失，因此行为人均应受到我国法律的制裁。《中华人民共和国刑法》第102条至112条规定了各种危害国家安全的行为及其应负的法律责任。

（1）第 102 条规定：【背叛国家罪】勾结外国，危害中华人民共和国的主权、领土完整和安全的，处无期徒刑或者 10 年以上有期徒刑。

与境外机构、组织、个人相勾结，犯前款罪的，依照前款的规定处罚。

（2）第 103 条规定：【分裂国家罪、煽动分裂国家罪】组织、策划、实施分裂国家、破坏国家统一的，对首要分子或者罪行重大的，处无期徒刑或者 10 年以上有期徒刑；对积极参加的，处 3 年以上 10 年以下有期徒刑；对其他参加的，处 3 年以下有期徒刑、拘役、管制或者剥夺政治权利。

煽动分裂国家、破坏国家统一的，处 5 年以下有期徒刑、拘役、管制或者剥夺政治权利；首要分子或者罪行重大的，处 5 年以上有期徒刑。

（3）第 104 条规定：【武装叛乱、暴乱罪】组织、策划、实施武装叛乱或者武装暴乱的，对首要分子或者罪行重大的，处无期徒刑或者 10 年以上有期徒刑；对积极参加的，处 3 年以上 10 年以下有期徒刑；对其他参加的，处 3 年以下有期徒刑、拘役、管制或者剥夺政治权利。

策动、胁迫、勾引、收买国家机关工作人员、武装部队人员、人民警察、民兵进行武装叛乱或者武装暴乱的，依照前款的规定从重处罚。

（4）第 105 条规定：【颠覆国家政权罪、煽动颠覆国家政权罪】组织、策划、实施颠覆国家政权、推翻社会主义制度的，对首要分子或者罪行重大的，处无期徒刑或者 10 年以上有期徒刑；对积极参加的，处 3 年以上 10 年以下有期徒刑；对其他参加的，处 3 年以下有期徒刑、拘役、管制或者剥夺政治权利。

以造谣、诽谤或者其他方式煽动颠覆国家政权、推翻社会主义制度的，处 5 年以下有期徒刑、拘役、管制或者剥夺政治权利；首要分子或者罪行重大的，处 5 年以上有期徒刑。

（5）第 106 条规定：【与境外勾结的处罚规定】与境外机构、组织、个人相勾结，实施本章第 103 条、第 104 条、第 105 条规定之罪的，依照各该条的规定从重处罚。

（6）第 107 条规定：【资助危害国家安全犯罪活动罪】境内外机构、组织或者个人资助实施本章第 102 条、第 103 条、第 104 条、第 105 条规定之罪的，对直接责任人员，处 5 年以下有期徒刑、拘役、管制或者剥夺政治权利；情节严重的，处 5 年以上有期徒刑。

（7）第 108 条规定：【投敌叛变罪】投敌叛变的，处 3 年以上 10 年以下有期徒刑；情节严重或者带领武装部队人员、人民警察、民兵投敌叛变的，处 10 年以上有期徒刑或者无期徒刑。

（8）第 109 条规定：【叛逃罪】国家机关工作人员在履行公务期间，擅离岗位，叛逃境外或者在境外叛逃的，处 5 年以下有期徒刑、拘役、管制或者剥夺政治权利；情节严重的，处 5 年以上 10 年以下有期徒刑。

掌握国家秘密的国家工作人员叛逃境外或者在境外叛逃的，依照前款的规定从重处罚。

（9）第 110 条规定：【间谍罪】有下列间谍行为之一，危害国家安全的，处 10 年以上有期徒刑或者无期徒刑；情节较轻的，处 3 年以上 10 年以下有期徒刑：

① 参加间谍组织或者接受间谍组织及其代理人的任务的；

② 为敌人指示轰击目标的。

（10）第 111 条规定：【为境外窃取、刺探、收买、非法提供国家秘密、情报罪】为境外的机构、组织、人员窃取、刺探、收买、非法提供国家秘密或者情报的，处 5 年以上 10 年以下有期徒刑；情节特别严重的，处 10 年以上有期徒刑或者无期徒刑；情节较轻的，处 5 年以下有期徒刑、拘役、管制或者剥夺政治权利。

（11）第 112 条规定：【资敌罪】战时供给敌人武器装备、军用物资的，处 10 年以上有期徒刑或者无期徒刑；情节较轻的，处 3 年以上 10 年以下有期徒刑。

五、维护国家安全的权利和义务

（一）公民和组织维护国家安全应尽的义务

1. 机关、团体和其他组织应当对本单位的人员进行维护国家安全的教育，动员、组织本单位的人员防范、制止危害国家安全的行为。

2. 公民和组织应当为国家安全工作提供便利条件或者其他协助。

3. 公民发现危害国家安全的行为，应当直接或通过所在组织及时向国家安全机关或者公安机关报告。

4. 在国家安全机关调查了解有关危害国家安全的情况、收集有关证据时，公民和有关组织应当如实提供，不得拒绝。

5. 任何公民和组织都应当保守所知悉的国家安全工作的秘密。

6. 任何个人和组织都不得非法持有属于国家秘密的文件、资料和其他物品。

7. 任何个人和组织都不得非法持有、使用窃听、窃照等专用间谍器材。

《中华人民共和国国家安全法》第 77 条规定，公民和组织应当履行下列维护国家安全的义务：

1. 遵守宪法、法律法规关于国家安全的有关规定。

2. 及时报告危害国家安全活动的线索。

3. 如实提供所知悉的涉及危害国家安全活动的证据。

4. 为国家安全工作提供便利条件或者其他协助。

5. 向国家安全机关、公安机关和有关军事机关提供必要的支持和协助。

6. 保守所知悉的国家秘密。

7. 法律、行政法规规定的其他义务。

（二）公民和组织维护国家安全应享有的权利

1. 受国家法律保护的权利。

2. 检举和控告的权利。
3. 对行政处罚不服提出申诉复议和提起诉讼的权利。
4. 维护国家安全有功时享有受奖励、表彰的权利。

六、当代青少年维护国家安全的做法

（1）保守国家秘密，维护国家主权领土完整，发现境外组织和人员经常出现在我国军事、保密单位周边，乘机盗取秘密情报和信息的，应及时向有关单位报告。

（2）遇到危害国家安全的行为，应及时向有关部门举报。
（3）团结少数民族的同学，保护国家的隐私。
（4）敢于对抗违法乱纪的言论，针对利用一些群众的不满情绪，煽动群众与政府对抗，遇到后应立即报告。
（5）积极传播社会正能量，警惕境外电台、电视、网络等传媒的煽动、造谣。
（6）不信谣，不传谣，立长志，为中华民族之复兴而读书。
（7）拾获属于国家秘密的文件、资料和其他物品，应当及时送交有关机关、单位或保密工作部门。

（8）发现有人买卖属于国家秘密的文件、资料和其他物品，应当及时报告保密工作部门或者国家安全机关、公安机关处理。

（9）国家安全，举报电话为"12339"。

七、维护国家安全的意义

【1-6 维护国家安全的意义】

当今世界，和平与发展虽然是时代的主题，但霸权主义和强权政治依然存在，我国的传统安全、非传统安全还面临着许多问题，境外敌对势力不愿看到我国的崛起、强大，一直在图谋"西化""分化"我国，进行渗透、颠覆、分裂和破坏活动，严重危害我国国家安全和利益。青少年是祖国的未来，民族的希望，承担着中华民族伟大复兴的大任，要充分认识维护国家安全的极端重要性，要勇于担当。一代人有一代人的长征、一代人有一代人的担当，维护国家安全既是国家责任也是我们每一个人的责任，期待青少年的你们拿好接力棒，跑出我们中华民族青少年的好成绩。

第二节　保守国家秘密

📝 导入

上次事件后，安安受到了国家有关机关、老师和家长的教导，充分认识到了自己的错误，增强了国家安全的意识，认识到国家安全不仅仅是国家的事、大人的事，也与我们每个中国人息息相关。之后，其通过自学，学习并掌握了很多国家安全的知识和防范方法，并在老师的指导下成立了普法社团，在校园内开展了广泛深入的宣传活动，成效卓越。

一次暑假期间随妈妈上班时，安安看到妈妈非常辛苦地处理公务，心头涌上了一道酸楚，不自然地便在妈妈离开办公室时帮其将文件收拾整齐，希望给妈妈一个惊喜。

在整理文件时，看到一个有关舅舅名字的处理决定，就多看了几眼。舅舅这段时间整天愁眉苦脸，天天找妈妈问东问西，为此还埋怨家人。安安很懂事，每次都逗舅舅开心，但都无济于事。安安看完文件后，处理结果对舅舅非常有利，且事件和舅舅没关系，为了宽慰舅舅，就拍了几张照片传给了舅舅，希望能让舅舅开心点，舅舅看到图片后大喜，还给安安发了一个大红包。安安舅舅觉得这是好事，应该让所有的受害人都知道，便将图片发布到该案件受害人的微信群中，导致事件结果未公布便遭到大范围泄密。

思考讨论

1. 国家秘密是什么？
2. 青少年该如何保守国家秘密？

一、国家秘密

（一）定义

所谓秘密，是与公开相对而言的，就是个人或集团在一定的时间和范围内，为保护自身的安全和利益，需要加以隐蔽、保护、限制、不让外界客体知悉的事项的总称。构成秘密的基本要素有三点：一是隐蔽性；二是莫测性；三是时间性。一般地说，秘密都是暂时、相对的和有条件的，这是由秘密的性质所决定的。

【1-7 国家秘密】

▲ 第三条　国家秘密受法律保护。
　　一切国家机关、武装力量、政党、社会团体、企业事业单位和公民都有保守国家秘密的义务。
　　任何危害国家秘密安全的行为，都必须受到法律追究。

《中华人民共和国保守国家秘密法》（简称《保密法》）规定国家秘密是关系国家安全和利益，依照法定程序确定，在一定时间内只限一定范围的人员知悉的事项。

根据《中华人民共和国保守国家秘密法》规定，国家秘密包括下列秘密事项：

（1）国家事务的重大决策中的秘密事项。
（2）国防建设和武装力量活动中的秘密事项。
（3）外交和外事活动中的秘密事项及对外承担保密义务的事项。
（4）国民经济和社会发展中的秘密事项。
（5）科学技术中的秘密事项。
（6）维护国家安全活动和追查刑事犯罪中的秘密事项。
（7）其他经国家保密工作部门确定应当保守的国家秘密事项。

在政党的秘密事项中，符合国家秘密诸要素的，属于国家秘密。

我国现行的《保密法》是 1988 年 9 月 5 日第七届全国人民代表大会常务委员会第三次会议通过，2010 年 4 月 29 日由第十一届全国人民代表大会常务委员会第十四次会议再次修订通过，自 2010 年 10 月 1 日起施行的。

【思考】通过下图我们能发现什么？

这张照片曾刊登于1964年的《中国画报》，封面是一张大庆油田"铁人"王进喜的照片，照片的"铁人"头戴大狗皮帽，身穿厚棉袄，顶着鹅毛大雪，握着钻机手柄眺望远方，在他身后散布着星星点点的高大井架，铁人的精神整整感动了一代人，但这张照片无意中也透漏了许多秘密。你能找到吗？

日本情报专家根据照片上王进喜的衣着判断，只有在北纬46度至48度的区域内，冬季才有可能穿这样的衣服，因此推断大庆油田位于齐齐哈尔与哈尔滨之间；并通过照片中王进喜所握手柄的架式，推断出油井的直径；从王进喜所站的钻井与背后油田间的距离和井架密度，推断出油田的大致储量和产量。日本人又利用到中国的机会，测量了运送原油火车上灰土的厚度，大体上证实了这个油田和北京之间的距离。

日方根据这些情报，迅速设计出适合大庆油田开采用的石油设备。中国向世界各国征求开采大庆油田的设计方案时，日方一举中标。庆幸的是，根据中方情报分析结果，日本只是向中国高价推销炼油设施，而不是用于军事战略意图。

（二）国家秘密的等级

国家秘密的密级分为"绝密""机密""秘密"三级。

"绝密"是最重要的国家秘密，泄露会使国家的安全和利益遭受特别严重的损害；"机密"是重要的国家秘密，泄露会使国家的安全和利益遭受严重的损害；"秘密"是一般的国家秘密，泄露会使国家的安全和利益遭受损害。

（三）国家秘密载体的种类

国家秘密载体是指载有国家秘密信息的物体。具体的国家秘密载体主要有以下几类：

1. 以文字、图形、符合记录国家秘密信息的纸介质载体，如国家秘密文件、文稿、文书、档案、电报、信函、数据统计、图表、地图、照片、书刊及其他图文资料等。人们通常把它统称为国家秘密文件、资料。

2. 以磁性物质记录国家秘密信息的载体，如记录着国家秘密信息的计算机磁盘（含软盘、硬盘）、磁带、录音带、录像带等。

3. 以电、光信号记录传输国家秘密信息的载体，如电波、光纤等。

4. 含有国家秘密信息的设备、仪器、产品等载体。

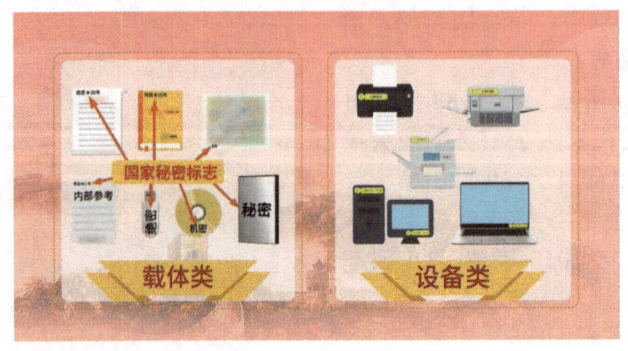

二、保守国家秘密的意义

（1）国家秘密事关国家安全，保守国家秘密就是保护国家安全利益。西方敌对势力和"台独"势力千方百计窃取我政治、军事和国防科技等诸方面的情报，以便了解和掌握我国国防军事实力。一旦获得这些情报，他们将采取措施危害我们国家的安全，达到他们不可告人的目的。

（2）国家秘密关系到国家经济利益。当今的国际竞争突出表现在经济实力方面的竞争。许多国家为此想方设法地窃取他国的经济、科技情报。如果我国的有关国家秘密被窃取，将会给我国的经济利益带来巨大的损失。

（3）保守国家秘密也事关每一个公民的切身利益。一些重要的商业秘密同时也是国家秘密，它关系到一个国家经济发展的速度，也影响着一个国家的经济秩序。如果泄密，将给国民的生活带来直接的影响。

三、失密、泄密的原因

造成泄露国家秘密的主要原因有以下几方面：

（1）新闻出版工作失误造成泄密。国内新闻泄密案件占整个新闻出版泄密案的一半以上，特别是在科技、经济方面，给国家造成了巨大的损失，同时也在政治上产生严重影响。境外的一些中国问题专家在谈到搜集中国情报的方法时，认为主要手段就是分析研究中国的报刊和出版物。境外谍报组织广泛收集我国公开发行的报纸、杂志、刊物、官方报告、人名通讯录、企业电话号码簿及车船、飞机时刻表等，经过选择让专家分析研究。

美国中央情报局把凡是能弄到手的每一份相关国家的出版物都买下来，每月约有20多万份，他们认为，所需要情报的80%可以从这些公开的材料中获得，这些材料又被称为"白色"情报。

（2）违反保密制度，在不合适宜的场所随意公开内部秘密，主要表现在接待外来人员的参观、访问、贸易洽谈之时，违反保密制度，轻易地将宝贵的内部秘密泄露出去。

（3）不正确使用手机、电话、传真或互联网技术造成泄密。一些谍报组织借助科学技术成果，利用先进的间谍工具进行窃听、窃照、截取电子信号、破获电子信件等获取机密。

（4）保密观念不强，随身携带秘密载体造成泄密。有些保密观念不强的人，随意将一些秘密资料、文件、记录本、样品等携带出门，遇上丢失、被盗、被抢、被骗，很快就会造成泄密。

（5）保密意识淡薄，或无保密意识，有意无意把秘密泄露出去。有些保密意识淡薄，缺乏保密常识的人，不分场合，随意在言谈中或通信中涉及国家秘密事项，或炫耀自己见识广博，不料"说者无意，听者有心"，不经意造成泄密。

（6）极少数经不住金钱和物质的诱惑，被谍报组织拉拢腐蚀出卖国家秘密。

四、日常失密、泄密的行为

1. 人机拍摄地点有"禁区"

如果拍到军工单位相关视频，就必须删除。一般情况下，军工单位一旦发现上方有无人机，就会马上报告给国家安全部门，根据法律，拍摄者有义务删除视频。

【1-8 国家安全之大豆惹的祸】

同一张外形模糊的飞机照片，对于普通人来说，可能连战机还是客机都傻傻分不清，但对于敌特分子或相关领域专家，足以从中挖掘出价值连城的信息。

不是夸张，通过一架正在试飞的新型战机照片，专业人士完全可以根据涂料颜色、外观长度、结构布局、挂弹情况、战机编号、所处环境和照片的 GPS 数据等信息，推断出飞机所采用的技术、代别、可能部署的数量、位置，甚至估测出飞机大致的参数和作战性能。

2. 军迷在论坛八卦时要谨慎

在论坛上，活跃着一批喜欢探讨军事话题的网友，俗称军迷。有些不法分子，故意扮成军迷，在论坛上问一些很基础的问题，甚至故意把数据、参数弄错，引诱真正掌握了国家军事机密的人员去"纠正""解答"，实际上，在这个过程中，国家机密就无形中泄露了。

3. 学生兼职可能是情报"诱饵"

科研机密也是国家机密的一种。有一些不法分子，假扮成学术期刊杂志社记者，在学校招聘学生兼职。他们的套路是这样的：最初，给的任务很简单，就是收集校内的学术期刊，越到后来，就提越高的要求，比如要求提供导师正在做的项目的资料、实验数据等学术机密。如果不加以防范，就有可能"中招"。

4. 人与人的日常交往沟通中无意识地流露和交谈

5. 违反保密规则，肆意处理保密文件

五、保守国家秘密的主要措施

我国人民正在中国共产党的领导下，坚定不移地进行社会主义建设。国外反动、反华势力依然对我泱泱中华虎视眈眈，利用一切可以利用的手段千方百计地对我国加以侦察破坏，为使国家不遭受破坏与损失，各级政府及其工作人员，均应承担起保守国家机密的责任。

（一）保守国家机密，各级政府应注意的事项

1. 有关机密的文电、资料等应由机要秘书，或首长指定之人员负保管全责。
2. 阅读机密文电、资料等人员，应严格限制。
3. 各机关发出机密文件时，应标识"机密"样，凡有此种标识之文件应径直送交机要人

员负责办理，其他人员不得拆封。

4. 建立会议保密制度；对参加会议人员，须审慎鉴别；文件分发应编号，必要时得随时收回。

5. 工作人员的任用与介绍，应慎重；除介绍人负责外，部门首长应经常加以考察；倘发现不可靠的分子应迅速予以处理。其掌管机密部分之人员，如有泄露机密行为，首长也应负责。

（二）各级政府工作人员应注意的事项

1. 各机关担任记录、抄写、印刷、盖印等工作的人员，应特别注意要养成保守秘密的良好习惯，不得泄露。
2. 不是自己应知道的事，不应问。
3. 对别人不应知道的事，不应说。
4. 互相监督防止泄露机密，若发现别人泄露机密，应自动设法补救，并迅速报告上级。
5. 对自己携带之文件，应妥慎保管，以防泄露或遗失。

案例链接

日常行为中哪些行为可能会违反《保密法》及有关法律的规定而须承担法律责任？

1. 非法获取、持有国家秘密载体的；
2. 买卖、转送或者私自销毁国家秘密载体的；
3. 通过普通邮政、快递等无保密措施的渠道传递国家秘密载体的；
4. 邮寄、托运国家秘密载体出境，或者未经有关主管部门批准，携带、传递国家秘密载体出境的；
5. 非法复制、记录、存储国家秘密的；
6. 在私人交往和通信中涉及国家秘密的；
7. 在互联网及其他公共信息网络或者未采取保密措施的有线和无线通信中传递国家秘密的；

8. 将涉密计算机、涉密存储设备接入互联网及其他公共信息网络的；

9. 在未采取防护措施的情况下，在涉密信息系统与互联网及其他公共信息网络之间进行信息交换的；

10. 使用非涉密计算机、非涉密存储设备存储、处理国家秘密信息的；

11. 擅自卸载、修改涉密信息系统的安全技术程序、管理程序的；

12. 将未经安全技术处理的退出使用的涉密计算机、涉密存储设备赠送、出售、丢弃或者改作其他用途的。

六、泄密承担的法律责任

国家秘密事关国家的生死存亡，事关中华民族的伟大复兴，事关人民的根本利益，对于故意泄露或过失泄露国家秘密的人员，依法给予处分；构成犯罪的，依法追究刑事责任。有上述行为尚不构成犯罪，且不适用处分的人员，由保密行政管理部门督促其所在机关、单位予以处理。

根据《中华人民共和国刑法》规定故意泄露或过失泄露国家秘密的人员会涉嫌以下罪名：

（1）为境外窃取、刺探、收买、非法提供国家秘密、情报罪。
（2）非法获取国家秘密罪。
（3）非法持有国家绝密、机密文件、资料、物品罪。
（4）故意泄露国家秘密罪。
（5）过失泄露国家秘密罪。
（6）非法获取军事秘密罪。
（7）为境外窃取、刺探、收买、非法提供军事秘密罪。
（8）故意泄露军事秘密罪。
（9）过失泄露军事秘密罪。

有关法律法规——《中华人民共和国刑法》

第 111 条 为境外的机构、组织、人员窃取、刺探、收买、非法提供国家秘密或者情报的，

【1-9 故意泄露国家秘密】

【1-10 过失泄露国家秘密】

处 5 年以上 10 年以下有期徒刑；情节特别严重的，处 10 年以上有期徒刑或者无期徒刑；情节较轻的，处 5 年以下有期徒刑、拘役、管制或者剥夺政治权。

第 282 条 以窃取、刺探、收买方法，非法获取国家秘密的，处 3 年以下有期徒刑、拘役、管制或者剥夺政治权利；情节严重的，处 3 年以上 7 年以下有期徒刑。

非法持有属于国家绝密、机密的文件、资料或者其他物品，拒不说明来源与用途的，处 3 年以下有期徒刑、拘役或者管制。

第 398 条 国家机关工作人员违反《保密法》的规定，故意或者过失泄露国家秘密，情节严重的，处 3 年以下有期徒刑或者拘役；情节特别严重的，处 3 年以上 7 年以下有期徒刑。

非国家机关工作人员犯前款罪的，依照前款的规定酌情处罚。

第 431 条 以窃取、刺探、收买方法，非法获取军事秘密的，处 5 年以下有期徒刑；情节严重的，处 5 年以上 10 年以下有期徒刑；情节特别严重的，处 10 年以上有期徒刑。

为境外的机构、组织、人员窃取、刺探、收买、非法提供军事秘密的，处 10 年以上有期徒刑、无期徒刑或者死刑。

第 432 条 违反《保密法》，故意或者过失泄露军事秘密，情节严重的，处 5 年以下有期徒刑或者拘役；情节特别严重的，处 5 年以上 10 年以下有期徒刑。

战时犯前款罪的，处 5 年以上 10 年以下有期徒刑；情节特别严重的，处 10 年以上有期徒刑或者无期徒刑。

小　　结

【1-11 保守国家秘密的使命和担当】

国家安全是安邦定国的重要基石，维护国家安全是全国各族人民的根本利益所在。我国正处于并将长期处于社会主义初级阶段，以习近平新时代中国特色社会主义思想为指导，紧紧团结在以习近平总书记为核心的党中央周围，坚持党的领导，坚持国家利益至上，以人民安全为宗旨，做一个学法、懂法、尊法、守法的有志青年，为实现中华民族伟大复兴奋斗终身。

保密工作任重而道远，做好保密工作，要慎之又慎，切记马虎大意，保密工作是一项需长期坚持的工作，需要坚持不懈的努力。

自我拓展练习

（1）作为青年一代的我们应该树立怎样的国家安全观？
（2）作为青年一代的我们应该如何在日常生活中保守国家秘密？

第二章　学习与生活安全
——知己知彼，融入校园

导读

　　学习与生活安全直接关系着学生的健康成长，在教育教学中占据重要地位。本章主要讲述人际交往、实训教学、日常活动和饮食等方面可能遇到的安全问题及防治措施，结合学校实际，有针对性地对学生进行系统、全面的安全教育，这对于提高职业学校学生的学习与生活安全意识有着积极的意义。

学习目标

　　知识与技能目标：掌握人际交往、实训学习、日常活动及饮食中应注意的安全常识。
　　过程与方法目标：通过知识学习、案例分析、讨论增强安全认识，提高自我保护能力，有效规避各类伤害事故。
　　情感、态度与价值观目标：树立正确的学习与生活安全意识，养成良好的学习与生活习惯。
　　学习重点：掌握人际交往、实训学习、日常活动及饮食中应注意的安全常识。
　　学习难点：提高自我保护能力，有效规避各类伤害事故。

第一节　交际安全

导入

　　16 岁的中职学生王汉卿，学习成绩一直很好，有一次认识了无业游民李晓武，看到李晓

武比自己只大两岁，却比自己潇洒得多：李晓武出手大方，经常带他到网吧、游戏室等地方玩，带他吸烟、喝酒、跳舞、吃摇头丸，王汉卿觉得很刺激，也很感激李晓武。不久，李晓武就叫他一起去搞钱，王汉卿觉得为朋友两肋插刀是非常仗义、非常光荣的事，于是就跟着李晓武一起去抢劫，结果第一次就被抓住了，后来因为犯抢劫罪被判处有期徒刑两年。

思考讨论
1. 日常人际交往中应注意什么？
2. 良好的人际交往会带来什么作用？

一、人际交往及影响

（一）什么是人际交往

校园内的人际交往具有多样性的特征，班集体是校园中最基本的组织形式。在班集体内，客观存在着共同的学习目标、一系列的教学计划和大体一致的活动方式。因此，在这个特定的环境里形成的师生关系和同学关系就成为最基本的人际关系。

学生在校园内的人际关系，包括正式的关系和非正式的关系，有正式的同学关系、舍友关系、组织内的领导与被领导的关系，也存在着非正式的心理相容，如情投意合的伙伴关系或其他关系。处在社会中的人，应该懂得交往，善于交往。但是，与谁交往？怎样交往？这类问题本身是一门综合性的社会知识，其中也牵涉安全问题。

（二）人际交往的影响

在校园里建立良好的人际关系，营造一种团结友爱、朝气蓬勃的氛围，有利于学生形成和发展健康的个性品质。良好的社会人际关系就好比是一座桥，要想到达人生追求的彼岸，这座用人际关系架起的特殊桥梁能起到无法替代的作用。随着社会的发展，越来越需要彼此的交流与合作，学会与人合作、与人交往也是每个人迈向成功的通行证。同时，不恰当的人际交往关系可能会导致学生在交往中上当受骗，容易陷入泥潭。

二、正确对待人际交往

(一) 要学会辨别

有些学生在交往中受骗上当,往往吃亏于感情用事,一味"跟着感觉走",而缺乏理智,因此,特别要学会区别对待不同类型的人。

(1) 对于熟人或朋友介绍的人,要学会"听、色、辨",即听其言、观其色、辨其行。态度诚恳而不失轻浮,三思而后行,不要"一是朋友,都是朋友"。

(2) 对于"初相识",要谨慎,在不了解对方的时候,不要轻易露出自身的底细。"画虎画皮难画骨,知人知面不知心"。

(3) 对于那些"来如风雨,去似微尘"的上门客,态度要热情,处置要小心。要避免单独行事,必要时可在集体环境中接待。

【视频2-1】网聊有风险,识人需谨慎!

（二）要学会选择

（1）择其善者而从之。真正的朋友关系首先是志同道合的，应该建立于高尚的道德情操基础之上。真正的朋友会真诚地进行情感交流，因此他们的关系就不是一个简单的利益和利害关系。要记住：了解、理解、谅解。

（2）注意"四戒"。戒交低级下流之辈，戒交挥金如土之流，戒交吃喝嫖赌之徒，戒交游手好闲之人。

（三）要保持"距离"

社会学家们指出，如果没有异性交往，那么人类社会就会停止发展。但是如何正确交往，这也是学生必须学习的课题。作为一名学生，当对某位异性有好感时，不要紧张，更不要觉得自己做了什么错事，从而产生负疚感，应该认识到这是一种正常心理现象，但是同时也应该增强自我控制能力，将自己对异性美好纯洁的感情珍藏起来，把握好异性交往适度、适时、相互尊重、相互学习的原则，从而顺利度过人生的这一特殊时期，在自己的一生中留下一道最美的风景。

（1）要分清友谊与爱情的区别。男女同学之间应存在正常的友谊，不要把友谊当成爱情而想入非非。

（2）转移注意力。把注意力转移到学习上来，认真学习，或在烦闷的时候多做一些自己喜欢做的事，比如：打篮球、乒乓球，下象棋等。

（3）树立远大的目标和切实可行的近期目标，把时间和精力放在对目标的追求上。

（4）多参加集体活动，在活动中充实自己。

（5）多交一些朋友，多看一些优秀的文艺作品，升华自己。

📝 案例

小淇是一个性格内向、十分帅气的高一男生。父亲经常在外出差,母亲整天沉迷于牌局,家里没有人与他说话。在他 16 岁生日的那一天,父母亲竟然忘记了这个值得纪念的日子,而同桌的她却送给他一份精美的礼物。小淇心中爱意顿生,不久坠入情网。在高中的关键时期,小淇除了晚上回家睡觉外,基本上都与她黏在一起,两人无话不谈。有时,两人还相邀到外面去走一走,尽管心理上得到了慰藉,但两人的学习成绩却日渐下滑。两人的父母都把责任推到了对方孩子身上,这种状况反使两个孩子变本加厉,干脆我行我素,从地下活动转到了地上。

思考

出于"一时性"心理而产生的朦胧感情能长久吗?

(四)培养良好的交往品质

(1)自信。俗话说,自爱才有他爱,自尊而后有他尊。自信也如此,在人际交往中,自信的人总是不卑不亢、落落大方、谈吐从容,绝非孤芳自赏、盲目清高,而对自己的不足有所认识,并善于听从别人的劝告与帮助,勇于改正自己的错误。培养自信要善于"解剖自己",发扬优点,改正缺点,在社会实践中磨炼、摔打自己,使自己尽快成熟起来。

(2)真诚。真诚的心能使交往双方心心相印,彼此肝胆相照,真诚的人能使交往者的友谊地久天长。

(3)信任。在人际交往中,信任就是要相信他人的真诚,从积极的角度去理解他人的动机和言行,而不是胡乱猜疑,相互设防。信任他人必须真心实意,而不是口是心非。

(4)热情。在人际交往中,热情能给人以温暖,能促进人的相互理解,能融化冷漠的心灵。因此,待人热情是沟通人的情感、促进人际交往的重要心理品质。

(5)克制。与人相处,难免发生摩擦冲突,克制往往会起到"化干戈为玉帛"的效果。克制以团结为重,以大局为重,即使是在自己的自尊与利益受到损害时也如此。但克制并不是无条件的,应有理、有利、有节,如果是为了一时苟安,忍气吞声地任凭他人无端地攻击、指责,则是怯懦的表现,而不是正确的交往态度。

第二节　实训安全

✏️ 导入

某职校焊接实训车间，临近下课时，老师指导学生收拾材料、用具，学生张浩天和王晓在车间内打闹，老师发现后及时批评制止，并让他们尽快站到学生们的队伍中去。两位学生借老师专注清点器械之际，伺机偷偷继续打闹，张浩天不小心摔倒，碰到旁边的铁板，割破上臂，老师与同学及时将张浩天送到医院，经过医生的诊断与治疗，手臂上缝了10针且需要住院5天，花费近1万元。

思考讨论

1. 学习实训时应该遵守哪些规定？
2. 在实训期间，应具备哪些安全意识？

一、实训教学安全知识

（一）学生实训时应该遵守哪些规定

1. 考勤

上课时，参加实训的学生要以班级为单位提前10分钟在各自车间楼前排队集合，由学生干部清点人数，在预备铃响前排队进入实训区，授课老师进行点名。

实训课期间学生不允许乱串工位，不得私自离开车间。因特殊情况需要离开车间的，须经授课老师批准，并尽量安排在课间时间处理。

下课时，提前5分钟以班级为单位在实习车间内（或车间门口）排队集合，下课铃响后学生排队有秩序地离开实习车间，值日生留下打扫卫生。

2. 穿着工装、绝缘胶鞋

实训学生必须穿着工装，从事电气类须穿绝缘胶鞋。穿戴整齐后方可进入实训区，学生不许在实训车间更换工作服，穿戴不整齐的学生不许进入实训车间。

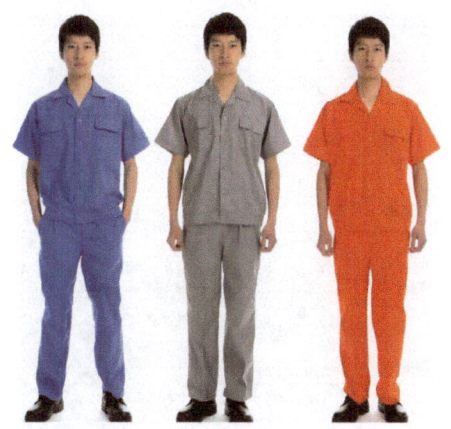

3. 实训教学纪律

实训课前必须做好充分准备，提前预习实训内容并复习有关理论，了解实训课的教学目的、内容、要求、方法、步骤和实训场所应注意的事项等。

实训时学生必须严格要求自己，学习态度认真，及时完成实训任务，按时上交实训报告。实训车间内学生不允许玩手机、看小说、玩电子游戏、玩扑克、吸烟、睡觉、酗酒等，不允许车间内追逐、打闹，对情节严重、性质恶劣者要按照校规校纪严肃处理。

实训课结束后，要严格按照"7S"管理的标准保持实训环境干净整洁，组织打扫车间卫生，擦拭设备、工作台、电气箱开关盒等设施，检查设备操作手柄是否安全归位，将剩料、切屑、垃圾等分类归位，并将垃圾送到指定地点。

实训设备整理好后，应由授课老师进行清点检查，如有仪器、设备损坏，应查清原因，如属于违反操作规程而发生损坏的情况，应按照相关赔偿制度要求相关学生进行赔偿。

（二）学生实训时应掌握的安全知识

（1）实训课期间，一律提前穿戴好工装、胶鞋，做好一切准备工作，确保安全、文明生产。

（2）未经同意，不准动用或启动非自用设备及电闸、电门和消防器材。

（3）操作设备时须精力集中，不准与别人聊天、阅读书刊和玩手机等。

（4）实训教学时必须听从指挥，认真听讲，不得随意走动。

严守操作程序

（5）必须严格遵守实训教学相关制度和各工种的安全操作规程，服从老师的指导与管理。

（6）如发生故障或异常现象，立即报告值班领导和老师，未经允许，不得拆卸设备，确保安全。

案例

2013年10月4日，黑龙江省某职业院校学生全某某，在焊工车间实训时，违反安全规定操作，没有佩戴护具，导致焊接时眼睛灼伤，经过医院治疗，花费近两万元。

思考：
案例中的全某某缺少哪些安全意识？

二、电气安全知识

（一）电气事故常见的类型

（1）触电事故。

(2) 雷电事故。
(3) 射频伤害。
(4) 电路故障。
(5) 静电事故。

（二）常见触电事故的主要原因

(1) 电气线路、设备安装、检修中措施落实不到位或不符合安全要求。
(2) 任意处理电气事物导致接线错误。
(3) 操作漏电的机器设备或使用漏电工具。
(4) 设备、工具已有的保护线中断、电源线松动、磨损，带电源移动设备时，电源绝缘损坏。

三、机械伤害常识

（一）机械伤害的类型

(1) 卷绕和绞缠。
(2) 卷入和碾压。
(3) 压、剪切和冲撞。
(4) 出物打击。
(5) 物体坠落打击。
(6) 切割和擦伤。
(7) 碰撞和剐蹭。
(8) 跌倒、坠落。

【视频 2-2】日常生活防触电小常识

机械伤害基本类型

飞出物打击的危险　　卷绕和绞缠的危害

（二）防止机械事故应采取的安全措施

(1) 按规定使用个人劳动防护用品，提前穿戴好工装、胶鞋，按规定正确选配。
(2) 工具应按规定摆放，及时清理废屑，保持地面平整，无油垢和水污，保证足够的作业照明度。
(3) 严格按照操作规程操作。

第三节　活动安全

导入

体育课期间，男生在足球场上踢足球，足球场旁边是实心球场地，几名女生在练习扔实心球，期间，足球滚出足球场到了实心球场地，一名男生飞奔过来捡球，被实心球砸中大腿，倒在地上。体育老师立刻陪同受伤同学到校医务室，在医务室医生初步检查后发现问题并不大，随后班主任通知家长，带同学到医院做进一步检查，再次确认没问题后，此事得到解决。

思考讨论
1. 日常活动时应注意什么？
2. 了解日常活动伤害事故的防范常识。

一、活动安全知识

日常活动是学生在校学习阶段锻炼身体、人际交往的重要过程。而日常活动的形式是多种多样的，要注意的安全事项也是不同的。尤其是篮球、足球等体育类运动，易引起拉伤、挫伤、碰伤等伤害事故，需要引起学生的注意。

（一）活动前的安全注意事项

（1）检查自己的身体状况，是否存在不适等情况。

（2）检查活动场地和器材。活动前要认真检查活动场地和运动器材，消除安全隐患。要注意场地中的不安全因素，比如活动场地是否平整，是否存在沙土、颗粒等杂物，是否符合标准等；活动器材是否完好、牢固、安全可靠等。

（3）做好活动准备。若是体育活动，则需穿着运动服装、运动鞋，并提前做好热身准备活动，不要佩戴各种装饰物，不要携带尖利物品等，以免发生划伤事故。

（二）体育活动时的安全注意事项

（1）掌握动作要领。了解和掌握动作要领和方法，不仅能够在运动过程中发挥好技术动作，达到体育锻炼的目的，而且还能消除心理上的恐惧，增强体育自信，以免引起伤害。

（2）正确使用运动器材。要了解和熟悉运动器材的性能、功能及使用方法，严格遵守相关操作规程。尤其注意在一些体育器材，如铅球、实心球等的使用中，要注意选择适当场地，确保自身安全，同时要注意不能伤及他人。

【视频2-3】日常课外活动需要注意什么

（3）运动负荷要适度。参加体育活动要根据自己身体条件素质，选择最有利于增强体质的运动负荷，循序渐进，从小到大。切忌不可超负荷运动，以免对身体造成伤害。

（4）及时补充身体所需水分及能量。体育运动结束后，要适当补充身体所需水分及能量，可适当饮用淡盐水，避免喝含有咖啡因的饮料。

二、日常活动伤害事故的防范常识

（1）在进行课外活动时一定要遵守活动规则，切忌因活动而引发同学矛盾。

（2）活动时要认真听取活动安排和指导，按照规则行事。

（3）活动前要做好准备活动，寒冷天气时准备活动时间可适当延长，以身体微微出汗为宜。

（4）炎热天气不宜长时间在太阳照射和高温环境下运动。患有心脏病、心血管疾病及身体异常的不宜参加对抗性强、高强度、高负荷的活动项目。

（5）投掷项目训练要在老师或组织者的指导下进行。要画出清晰的投掷区域，并统一投掷信号。

（6）参加激烈活动或对抗性强的项目时，要注意加强自我保护，避免危险动作和强烈的接触性对抗。

我们遵守规则

第四节　饮食安全

✎ 导入

韶关市曲江区某职业学院的3名学生在登山途中采摘回一把鲜嫩的"金银花"。回到宿舍后，3人将"金银花"用滚烫的开水泡水喝，并邀请舍友同学一起品尝。不料十多分钟后，有9名学生接连出现中毒症状被紧急送到医院抢救，其中1人于当晚死亡，其余8人被陆续送到韶关粤北医院抢救。经初步检验，误食的"金银花"实为剧毒断肠草。

思考讨论
1. 日常饮食应注意什么？
2. 应如何预防食物中毒？

一、饮食安全知识

（一）正确识别食品标志

掌握食品标签与标志的正确识别方法，不仅能帮助我们了解所购食品的质量特性、安全特性及食用、饮用方法等，还能帮助我们通过查看标签来鉴别伪劣食品，如果发现并证实其标签的标志与实际品质不符，可以依法投诉并获得赔偿。识别食品标签的基本方法有：

（1）查看标签的内容是否齐全。食品标签必须标示的内容有食品名称、配料清单、净含量和沥干物、固形物、含量、制造商的名称和地址、生产日期或包装日期和保质期、产品标准号。

（2）查看标签内容是否清晰、完整。食品标签的一切内容应清晰、醒目，易于消费者在选购食品时辨认和识读，不得在流通环节中变得模糊甚至脱落，更不得与包装容器分开。

(二)了解垃圾食品

（1）垃圾食品是指仅提供一些热量，无其他营养元素的食物，或是提供超过人体需要，变成多余成分的食物。

（2）对身体有害的食品。

① 色素过量：一些食品中含有过量的人工色素，可能会造成腹泻等症状。

② 防腐剂超标：防腐剂摄入过多时会在一定程度上抑制骨骼生长，危害肾脏、肝脏的健康。

③ 糖精过量：在蜜饯、糕点等食品中可能含有过量的糖精，这会引起肝脏代谢功能问题。

④ 高盐高糖：豆腐干等食品中含有大量的盐或糖，会增加肾脏负担。

⑤ 大量反式脂肪酸：过多摄入会损害少年儿童的智力、危害心脏。

案例

16岁的小张在某职业学校就读，三个月前，感冒初愈后的小张吃了几包"辣条"后，身上长出了好多出血点。第二天，到医院检查确诊，小张得了过敏性紫癜，而且伴有肾炎。医生告诉家长，得这种病极有可能是吃了不干净的食物引起的。"肯定是那些辣条惹的祸"，小张的爸爸左思右想回忆说。小张一向喜欢吃辣味的东西，经常买一些便宜的"辣条"吃。"那些辣条一大包一两块钱，学校边上都散着卖，很不卫生！"

医院皮肤科一位医生曾说，过敏性紫癜、肾炎是一种免疫性疾病，多发于儿童及青少年。发病者多为过敏性体质，食用牛奶、虾、鱼、蛋、羊肉、龙虾、海鲜等动物蛋白及不干净的豆制品等食物后引发。他提醒家长，孩子正值发育期间，一定要注意饮食卫生，没有包装和生产日期的食品坚决不能食用，而且尽量少吃或不吃易过敏的食物。

思考：

如何保证饮食卫生安全？

二、保证饮食安全

（1）养成良好的个人卫生习惯，饭前、便后要洗手。

（2）不购买、食用三无食品、饮品，不食用过期、变质的食品。

（3）生吃瓜果要洗净，不随意食用野菌、野菜、野果，以防中毒。

（4）不食不明药物，防止和消除由于药物滥用所带来的对身体造成的危害。

（5）不喝生水，喝白开水最安全。

（6）不随意购买、食用街头小摊贩出售的劣质食品，尽量在学校食堂就餐，不要在校外小食店、路边店用餐。

【视频2-4】杜绝病从口入注意科学饮食

法律条款：

教育部《学生伤害事故处理办法》第六条规定：学生应当遵守学校的规章制度和纪律；在不同的受教育阶段，根据自身的年龄、认知能力和法律行为能力，避免和消除相应的危险。

小 结

人际交往是一门大学问，事业的成功，15%由专业技能决定，而85%则与个人的人际关系和处事技巧有关。因此，我们必须用心去建设良好的人际关系。良好的人际关系是成功的基石和"润滑油"。

实训期间要将安全放在首要位置，学生进出实训场所，必须服从授课老师指导，严格遵守各项规章制度，随时注意防电、防火、防爆、防患于未然。服从老师安排，未经允许学生不得擅自动用其他设备。

科学而安全地进行日常活动，可以增强体质，促进身心健康。相反，活动不当会对人体造成伤害，达不到活动的目的。尤其是注意避免发生因参加活动而导致的身体疾病及交往矛盾等事故，掌握一定的安全防范常识，做好自我保护，养成良好的活动习惯。

饮食安全涉及同学们生活和学习的各个方面，直接关系到广大青年学生能否安全健康地成长。因此，加强饮食安全教育，树立饮食安全意识，提高广大学生的自我保护能力和自救能力，不仅是学生安全工作的需要，也是全面提高学生综合素质的基本要求。

自我拓展练习

1. 如何正确对待人际交往？
2. 分组讨论，完成一篇关于实训安全的心得体会。
3. 体育课上为什么要做热身活动？
4. 下面是一些不良的饮食习惯，你身上是否存在？如有，准备如何改正？

- 偏食、挑食
- 食用色素超标的食品
- 常光顾街边小食摊、外卖
- 饮料当水喝
- 喜食烧烤食物
- 饭前不洗手
- 边看电视边吃饭
- 暴饮暴食
- 进食过快

第三章　人身安全——面对危险，敢于亮剑

导读

生命安全大于天，积极防范重如山。学会在突发事件、重大事件、紧急事件中保护自己，提升应变能力，有效避免人身伤害、精神创伤，是青少年学生健康成长过程中的大事情。本章围绕同学们可能会遇到的问题，讲述了人身安全风险方面的基本概念、可能受到的损害及预防措施，以及增加同学们保护自我人身权益的必备知识，尽可能减少和杜绝各种事故的发生。

学习目标

知识与技能目标：通过学习，要求了解相关的人身安全风险，熟悉掌握常见的应对安全风险的技能、方法。

过程与方法目标：通过案例分析、角色扮演等情景式教学的方法引发学习兴趣，加强互动沟通交流。

情感、态度与价值观目标：通过学习，培养学生的法制意识、底线意识，增强抵制不法侵害的信心和勇气，突出传统道德、核心价值观、中国精神的熏陶。

学习重点：掌握校园欺凌、性侵害预防措施，熟悉卫生防疫的常规做法，正确区分心理亚健康和心理疾病。

学习难点：将文中所讲的方法、措施、手段内化于心、外化于行。

第一节　校园欺凌应对

导入

2015年6月，福州永泰县初三学生小黄在中考两天前遭三名同班同学围殴，导致脾脏破

裂。参加完中考语文科目的考试后，小黄因剧痛放弃下午考试，向家长道出自己多年来被同学欺凌的事实。经检查，小黄脾脏出血严重，经手术切除了脾脏。

据小黄透露，此次殴打他的三名同学自五年级起就时常欺凌自己。小黄体格瘦小，被欺凌时无力反抗，且被威胁不能告诉家长、老师，否则"下次打得更重"。此外，小黄的父母在外地打工，平时与儿子很少联系。家长、老师的不知情是导致欺凌行为一再发生、变本加厉的重要原因。

思考讨论
1. 校园欺凌发生的原因是什么？
2. 如果校园欺凌发生了，学生该如何应对？

一、什么是校园欺凌

青少年的人身权益受法律保护，《中华人民共和国未成年人保护法》明确规定"未成年人享有生存权、发展权、受保护权、参与权等权利，国家根据未成年人身心发展特点给予特殊、优先保护，保障未成年人的合法权益不受侵犯"。

【3-1《未成年人保护法》】

国务院教育督导委员会办公室于2016年5月份下发的《关于开展校园欺凌专项治理的通知》，将发生在学生之间蓄意或恶意通过肢体、语言及网络等手段，实施欺负、侮辱造成伤害的事件称为校园欺凌。

通常认为，校园欺凌是指一名学生长期、多次、重复地暴露于一个或多个学生主导的负面行为之下的违法或犯罪行为，这种负面行为包括身体欺凌、言语欺凌和以人肉搜索、名誉侵害为典型的网络欺凌。

【3-2《未成年人保护法》中校园欺凌定义】

二、校园欺凌的常见参与主体

（一）主动方——欺凌者

欺凌者是指在校园内、校园外实施欺凌的一方，欺凌者可分为主要欺凌者、次要欺凌者（辅助者、协助者）。主要欺凌者指在欺凌事件中起主要作用的人，数量通常是一人或者数人；次要欺凌者（辅助者、协助者）不是欺凌行为的发起人，但在欺凌开始后或者中途加入或协助。

（二）被动方——被欺凌者

被欺凌者处于弱势的一方，是校园欺凌中的受害者。被欺凌者遭受欺凌的诱因很多，一般有外部和内部两个方面。外部主要指欺凌者的挑衅与攻击，内部主要指被欺凌者自身的个性、

原生家庭状况、成长经历等因素。被欺凌者容易产生焦虑、抑郁、自卑、孤独等感觉，严重者可能会出现自杀的情形，还有可能产生逃学、盗窃、攻击及报复社会、复仇的心理问题。

（三）第三方——旁观者

旁观者同样是校园欺凌行为的参与者，他们目睹或听闻了校园欺凌事件的发生。旁观者如能遏制欺凌行为，进一步减轻或缓解被欺凌者所受的心理伤害，则会缓和或者遏止事态发展；旁观者如消极作为或不作为则会助长欺凌行为，降低欺凌者的自责与内疚感，加剧对被欺凌者造成的伤害。

三、校园欺凌发生的一般原因

校园欺凌产生的原因很多，也很复杂，这里讨论一般性原因。

（一）主体因素

（1）身体素质。学生身体力量的大小常常构成影响欺凌发生的重要因素。欺凌者在身体力量上处于优势地位，被欺凌者则身体弱小，在受到欺凌后不能有效反击。

（2）价值观偏差。欺凌者对一般的道德观念、价值观念存在一定程度的偏差。认同欺凌行为，很多时候偏激地认为"要想不被人欺凌，就必须去欺凌别人"，或者认为通过欺凌可以获得周围同伴的崇拜、羡慕。

（3）人格特征。欺凌者通常有盲目的高自我评价和自尊、自信，多脾气暴躁、易怒、冲动性强；受欺凌者通常缺乏自信，自卑、性格较内向，在特定情境下，就可能成为欺凌发生的对象。

（二）环境因素

（1）原生家庭因素。父母对孩子的教育经历会给孩子留下明显的印记，比如父母对孩子的打骂会引导孩子对别人同样使用暴力的方式；父母对孩子的过分溺爱会导致孩子适应校园生活、集体生活、社会生活困难；父母对孩子的过分唠叨则会加强孩子的叛逆心理。

（2）朋友关系因素。欺凌者多有一些不良的朋友关系，这个朋友圈子的青少年也多有攻击、欺凌行为，自己受小圈子影响会产生欺凌行为；另外受同伴邀请加入欺凌行为，自己也多乐于参加。

（3）影视、游戏影响。现在的电视、电影中的暴力内容对学校欺凌的发生有着重要影响，看暴力影视时间越长，儿童出现的攻击行为也越多；游戏的打怪升级、组团打杀等暴力情节会对孩子产生影响，玩暴力影像游戏时间越长，所表现出的攻击行为越多。

四、校园欺凌的应对

对校园欺凌行为的治理，需要政府、社会、社区等多方面共同努力，这里从校园环境中的因素出发讨论如何应对校园欺凌问题。

（一）对欺凌者的教育引导

欺凌行为是被否认的，是不为社会所接受的，这一点是首先确定的。学校、老师应当要求欺凌者放弃、改正欺凌行为。教育方应与欺凌者开展谈话，了解他们欺凌的动机和原因，对他们进行有针对性的教育，帮助学生树立正确的世界观、人生观、价值观，形成恰当的社会行为，学会控制自己的情绪。

【3-3 对被欺凌者的教育引导】

（二）对被欺凌者的教育引导

被欺凌者的老师、父母、要好同学应主动帮助被欺凌者，帮助他们恢复信心，增强个人力量，告诉他们如何应对欺凌。被欺凌者也要多与学校、家长交流，发现问题及时处理，及时主动地向老师、父母吐露心声、寻求帮助。

（三）学校的重视

学校应加大法制宣传，积极宣传校园欺凌案件带来的法律后果，引导学生在法律框架内正确认知自己的行为；加强对教职工的培训，合理合法地处理欺凌事件；做好校园欺凌高发地点的监控，配置影音设备。

第二节　有效预防性侵害

导入

2019 年 12 月 20 日，最高检察机关联合公安部召开新闻发布会，通报检察机关、公安机关依法严惩侵害未成年人犯罪工作情况，多起性侵害未成年人的重大恶性犯罪案件被告人被判处死刑。河南省检察机关对尉氏县强奸未成年人的主犯赵某判处死刑，贵州省纳雍县检察院对强奸、猥亵多名未成年人案的李某判处死刑，江苏省连云港市检察院对强奸、杀害留守儿童案的钱某判处死刑。

思考讨论
1. 不幸发生前，预防性侵害的方法有哪些？
2. 不幸发生后，如何拿起法律的武器，勇敢地对性侵害说不？

一、什么是性侵害

【3-4 性侵害的表现形式】

性侵害是指加害者以威胁、权力、暴力、金钱或甜言蜜语，引诱或胁迫他人与其发生性关系，或在性方面造成对受害人伤害的行为。未成年人的体力、智力发育不成熟，认知能力、辨别能力及反抗能力都比较弱，有的甚至缺乏有效监护，因而容易受到伤害。

二、性侵害的法律后果

《中华人民共和国刑法》规定了强制猥亵、侮辱妇女、儿童罪，强奸罪。性侵害可能会触犯刑法规定。

（1）强制猥亵、侮辱妇女、儿童罪：以暴力、胁迫或者其他方法强制猥亵妇女或者侮辱妇女的，处 5 年以下有期徒刑或者拘役。聚众或者在公共场所当众犯前款罪的，处 5 年以上有期徒刑。猥亵儿童的，依照前两款的规定从重处罚。

（2）强奸罪：以暴力、胁迫或者其他手段强奸妇女的，处 3 年以上 10 年以下有期徒刑。奸淫不满 14 周岁的幼女的，以强奸罪论，从重处罚。强奸妇女、奸淫幼女，有下列情形之一的，处 10 年以上有期徒刑、无期徒刑或者死刑：①强奸妇女、奸淫幼女情节恶劣的；②强奸妇女、奸淫幼女多人的；③在公共场所当众强奸妇女的；④二人以上轮奸的；⑤致使被害人重伤、死亡或者造成其他严重后果的。

三、有效预防性侵害的方法

青少年平时应该遵守预防性侵犯安全行为规则，这些行为规则可帮助你远离可导致性侵犯的环境或条件：

● 不单独去你得不到帮助的地方。
● 不要独自呆在僻静的地方。
● 外出活动要征得父母的同意，并告诉父母去什么地方、行走路线、活动时间。可能的话，留下外出地的联系电话。
● 尽可能避免黑夜单独外出。如果有事需要外出，要由父母陪同。
● 不要轻易相信陌生人，不要接受不十分了解的人的钱款或礼物，不要吃不认识的人递过来的食物和饮料。
● 不要跟不认识的人外出。
● 不要搭便车，特别是不认识的人。
● 一个人在家时要把门窗关好，在开门前应问清来人是谁，不要轻易让外人进屋，即使是你比较熟悉的人。
● 不随便出入于 KTV、网吧、宾馆等地方，更不要看充满色情情节的电影、视频及书刊。
● 遇到性侵犯的威胁时，要迅速离开，跑向人多的地方。

第三节　卫生防疫应对

导入

2019 年年末暴发了新型冠状肺炎病毒，进而打响了惊心动魄的全国疫情阻击战。病源从哪里来，目前仍不得而知，这是一场全人类同瘟疫斗争的国际阻击战。

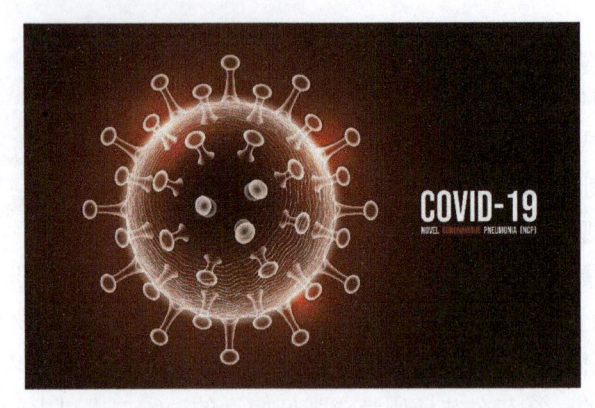

截至 2021 年 2 月下旬，中国累计确诊 10.2 万人，累计死亡 0.48 万人；全球新冠肺炎累计确诊 11079.5 万人，累计死亡 244.8 万人。从中外对比来看，中国政府视百姓生命安危为第一要务，国家出动所有力量遏制病毒，全国人民万众一心，奋力夺取抗疫斗争的伟大胜利。

思考讨论
1. 相信你也是这场抗疫斗争的参与者，你有什么感悟呢？
2. 在疫情防控的大背景下，作为个体的我们，能做什么？

一、公共卫生

（一）什么是公共卫生

公共卫生是关系到一国或一个地区人民大众健康的公共事业。公共卫生具体包括对重大疾病尤其是传染病（如肺结核、艾滋病、SARS、新冠肺炎等）的预防、监控和治疗；对食品、药品、公共环境卫生的监督管制，以及相关的卫生宣传、健康教育、免疫接种等。

（二）重大公共卫生事件背后的努力

重大公共卫生事件的发生，政府、社会、企业、社团、个人均会牵涉其中，下面以抗击新冠肺炎病毒为例做简要介绍（摘自国务院新闻办公室 2020 年 6 月发布的《抗击新冠肺炎疫情的中国行动》）：

● 2020 年 1 月 22 日，习近平总书记做出重要指示，要求立即对湖北省、武汉市人员流动和对外通道实行严格封闭的交通管控。1 月 23 日 10 点，武汉市，这个千万人口的大城市，封城。

● 1 月 25 日，习近平总书记主持召开中共中央政治局常务委员会会议，明确提出"坚定信心、同舟共济、科学防治、精准施策"的总要求，强调坚决打赢疫情防控的阻击战。

● 从 1 月 24 日开始到 3 月中旬，从全国各地和军队共调集 346 支国家医疗队 4.26 万名医务人员和 965 名公共卫生人员驰援湖北省。

● 为了解决床位问题，火神山、雷神山在加速建设，依次收治患者，2 月 3 日，首批能够容纳 3400 名患者的三家方舱医院也开始搭建。

● 2 月 5 日，首批方舱医院建成并开始接收患者。短短十多天里，共建成 16 座方舱医院，提供 14000 多张床位。

● 将 630 多所宾馆、学校、培训中心和医疗机构改造成密切接触者和疑似患者的隔离房间。

- 2月2日开始,武汉市部署实施"四类人员"分类集中管理。
- 截至5月31日,全国确诊住院患者结算人数5.8万人次,总医疗费用13.5亿元。其中,重症患者人均治疗费用超过15万元,一些危重症患者治疗费用达几十万元甚至上百万元,全都由国家承担。
- 4月8日,武汉解除持续76天的离汉离鄂通道管控措施。
- 4月26日,武汉市所有新冠肺炎住院病例清零。
- 截至5月31日24时,全国新冠肺炎治愈率达94.3%,疫情防控阻击战取得重大战略成果。

二、疫情防控必备知识

（1）牢记疫情防控四大举措：戴口罩、勤洗手、常通风、少聚集。
（2）假期安排要注意：减少人员流动、减少旅途风险、减少人群聚集、加强个人防护。
（3）交通出行要注意：不出境、不扎堆、不去中高风险区。
（4）购物娱乐要注意：错峰出门少停留、一米距离要坚守、冷冻食品不沾手。
（5）走亲访友要注意：少走亲少访友、不拥抱不握手、快见面快回走。
（6）外出聚餐要注意：家庭聚餐要减少、公筷分餐要倡导。
（7）居家防疫要注意：消毒通风勤打扫、自测体温要做好、家庭访客要减少、风险人员早报告。

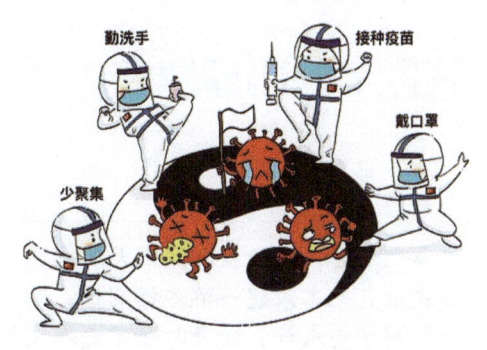

【3-5 新冠病毒防疫二十问】

三、新冠疫情防控中体现出的中国优势

在这次抗击疫情的战斗中,中国特色社会主义制度的优越性得到充分发挥,国家治理体系

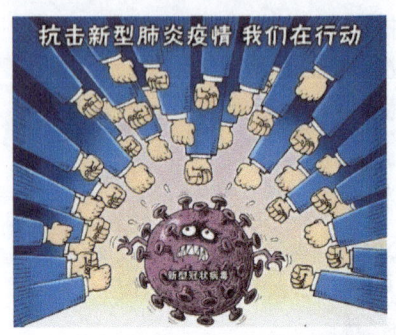

和治理能力的显著优势也得到充分体现。我们坚持人民至上、生命至上，坚持动态清零不动摇，开展抗击疫情人民战争、总体战、阻击战，最大限度保护了人民生命安全和身体健康，统筹疫情防控和经济社会发展取得重大积极成果。

（1）政治优势：坚持党的领导。正是有了党的坚强领导，才能够在危机发生时迅速把制度优势转化为治理效能，凝聚起举国上下同心同德、众志成城、共克时艰的最强力量，构筑起疫情联防联控、群防群治的铜墙铁壁。

（2）法治优势：坚持全面依法治国。据统计，自疫情发生以来，全国公安机关共查处扰乱社会秩序类案件377起，干扰疫情防控类案件83起，妨害公务类案件55起；破获非法猎捕珍贵野生动物、非法狩猎等刑事案件19起，抓获犯罪嫌疑人29名；破获涉疫情诈骗案件1116起，抓获犯罪嫌疑人294名，追缴赃款660余万元。法治正在成为全民战"疫"的公约数。

（3）传统优势：坚持全国一盘棋、集中力量办大事。"天使白"逆行而上，"卫士蓝"日夜坚守，"志愿红"随处可见，"迷彩绿"勇挑重担；"火雷"神速、"方舱"启用，医护人员和物资星夜驰援；监管部门严控物价，权威渠道及时发布最新消息。所有这些，无不折射出"坚持全国一盘棋，调动各方面积极性，集中力量办大事"的传统优势。

（4）价值优势：坚持"以人民为中心"。从城市到乡村，从企业到机关，从社区到校园，从军队到地方，广大人民群众积极响应号召、主动作为、群策群力、守望相助，构筑起一道防治疫病的"防火墙"，密织起一张疫情防控的"人民网"。在这场没有硝烟的战役中，中国人民各尽所能地参与到疫情的防控工作中，"人民是历史的创造者"这一真理得到了最深刻的印证。

（以上观点摘选自中国社会科学网，作者赵剑云）

第四节　心理健康应对

导入

三国时期，周瑜是东吴水军大都督，在赤壁之战中大败曹操，立下了赫赫战功，但在和诸葛亮数次交锋中，他却屡遭失败。他本来想一举占据荆州，不想被诸葛亮抢了先，自己还中了箭。他几次攻打荆州未果，用了美人计，结果却赔了夫人又折兵。当他再次假道伐蜀灭刘备时，还是被诸葛亮识破。当他读着诸葛亮充满讥讽的来信时，因怒气填胸致箭伤复发，坠于马下，命归黄泉，时年三十六岁。气量狭隘的他临死前，发出"既生瑜，何生亮"的哀叹。

思考讨论
1. 心理健康对于成功是不是一个很重要的因素？
2. 怎样才能有个健康的心理状态？

一、什么是心理健康

健康在《辞海》中的定义为：人体各器官系统发育良好、功能正常、体质健壮、精力充沛并具有良好劳动效能的状态，通常用人体测量、体格检查和各种生理指标来衡量。

心理健康是健康的一个重要方面，它是指心理的各个方面及活动过程处于一种良好或正常的状态。健康的心理素质能够充分促进个人发挥最大潜能，并使其能妥善处理人与人之间、人与社会环境之间的相互关系。

【3-6 心理健康定义及标准】

二、学会控制情绪

（一）情绪的定义

情绪是对一系列主观认知经验的通称，是人对客观事物的态度体验及相应的行为反应，一般认为，情绪是以个体愿望和需要为中介的一种心理活动。

（二）情绪的分类

根据作用是否是积极的，我们将情绪分为积极的情绪和消极的情绪。

（1）积极的情绪：能满足人的需要的事物，会引起人的肯定性质的体验，如快乐、满意等，是积极的情绪。通常情况下，积极的情绪可以提高我们的活动能力，增强我们的幸福指数。

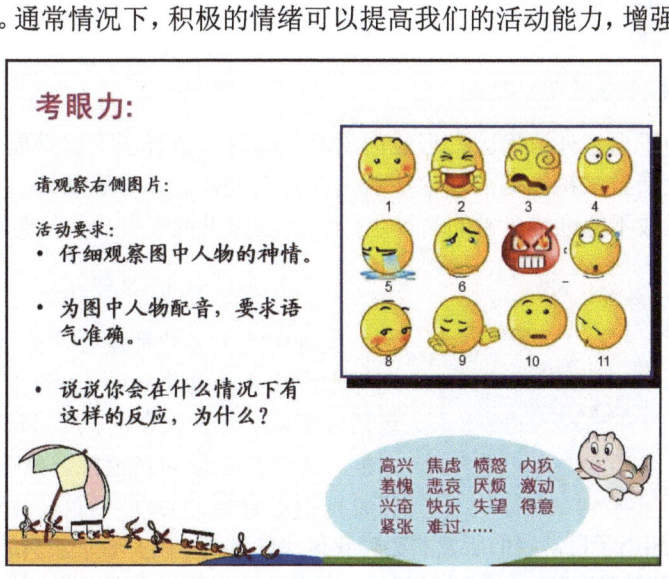

发脾气是本能，控制脾气是本领

考眼力：

请观察右侧图片：

活动要求：
- 仔细观察图中人物的神情。
- 为图中人物配音，要求语气准确。
- 说说你会在什么情况下有这样的反应，为什么？

高兴　焦虑　愤怒　内疚
羞愧　悲哀　厌烦　激动
兴奋　快乐　失望　得意
紧张　难过……

（2）消极的情绪：不能满足人的需要的事物，会引起人的否定性质的体验，如愤怒、憎恨、哀怨等，是消极的情绪。通常情况下，消极的情绪会降低人的活动能力，降低我们的生活质量。

（三）几种常用的控制情绪的方法

（1）保持理智。三思而后行，当忍不住要动怒时，要冷静审察情势，以决定发怒是否合理，以及有无其他较为适当的解决办法。"塞翁失马，焉知非福"，很多表面看上去令人悲伤的事件，换个角度常常可以发现积极的意义。

（2）坦然接受。成长的一部分就是要学会接受，接受分道扬镳，接受世事无常，接受孤独挫折，接受无力挫败，接受突如其来，尽量不要总是年轻气盛，沉浸于自己的小世界里，喜欢用自己的一套标准去要求别人，以自我为中心，觉得世界就是围绕着自己转的。

【3-7 坦然接受】

（3）大胆宣泄。当遇到不愉快的事情或者委屈时，不要压抑在心里，尝试向知心朋友诉说，哪怕自己找一个没有人的地方大哭一场也行。

（4）注意力转移。当怒火正盛之时，有意识地转移注意力，可使情绪得到缓解，也可以把正在进行的事情放一放，抽身出来去看电影、听音乐、下棋、打球、散步，使紧张情绪松弛下来。

【3-8 发泄愤怒的方法】

三、心理疾病

（一）心理疾病的定义

心理疾病是由于内、外致病因素形成的脑功能障碍，破坏了人脑功能的完整性和个体与外部环境的统一性所致。精神病的基本症状是精神活动紊乱，导致认知、情感、意志、行为等方面的异常，以致不能维持正常的精神生活，甚至做出危害自身和社会集体的行为。

（二）正确认识心理疾病

人群中绝大多数都是心理正常的，但也有少数心理异常或患有心理疾病的人。青少年常见的心理疾病包括抑郁症、考试综合征、严格管束引发的反抗性焦虑症、恐怖症、学习逃避症、癔病、强迫性神经症、恋爱挫折综合征、心理障碍、网络综合征等。

心理疾病已经超出了日常我们所说的心理亚健康的范畴，患有心理疾病的青少年应该在家长的带领下，及时到精神类医院、科室进行就诊，在专业医生的指导下用药、治疗，以期尽快康复。

四、保持良好的伙伴关系

（一）伙伴关系

发展心理学将伙伴关系定义为：年龄相近或相同的个体共同活动并相互协作的关系，或者主要指同龄人之间或心理发展水平相当的个体在交往过程中建立和发展起来的一种人际关系。青少年的伙伴常常包括同学、发小、同龄邻里、社团成员等。

（二）伙伴交往中常见的心理问题

（1）社交焦虑。社交焦虑是一种与人交往的时候，觉得不舒服、不自然、紧张甚至恐惧的情绪体验。严重的社交焦虑症患者，走路、购物及其他社会活动甚至打电话对他们而言都是很大的挑战。患社交焦虑症的人还伴随有生理上的症状，如出汗、脸红、心慌等。要想改变这个情况，患者需要长期地与人保持联系，以提高人际交往能力和社会适应能力。

（2）自卑与自恋。自卑表现为对自己缺乏一种正确的认识，在交往中缺乏自信（主要因素），办事无胆量，畏首畏尾，随声附和，没有自己的主见，一遇到有错误的事情就以为是自己不好。自恋过度会带来夸张、自满、自负、自我或自私，在心理学和精神分析学上，过度的自恋可以变成病态，或者会有严重人格分裂不正常的表现，例如，自恋人格分裂。

（三）异性交往

（1）青春期性意识。青春期是一个人从童年走向成年的过渡阶段，主要标志是性发育和性成熟，这一时期少男少女要经历躯体和心理上的急剧变化，是人一生中最重要的时期之一。伴随着身体发育，性意识也开始逐步有了显现，如性幻想、性梦、手淫等。

（2）有底线的适度交往。通常情况下，早恋对青少年的心理、学习和生活都会带来巨大的影响，这种影响大多也是消极的，不利于青少年的求知发展和身心成长。青少年应该学习和掌握正确、健康的与异性的交往方式，避免早恋行为的发生。在和异性伙伴交往过程中保持底线思维，提高自制力，提高自身的审美情趣和文化修养，将主要的精力用在学习上。

小　　结

本章围绕校园欺凌、性侵害、卫生防疫、心理健康四个类型的人身安全问题，讲述了人身安全风险方面的基本概念、可能受到的损害及预防措施，请同学们认真学习、细心领会，

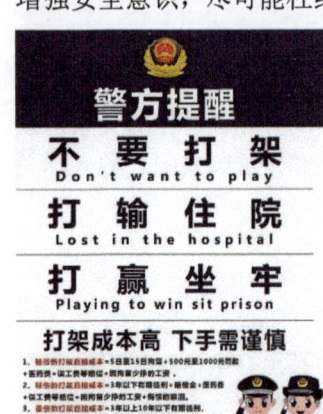

增强安全意识，尽可能杜绝各种事故的发生。

有关的法律法规

1.《中华人民共和国治安管理处罚法》

第 2 章第 12 条规定："已满 14 周岁不满 18 周岁的人违反治安管理的，从轻或者减轻处罚；不满 14 周岁的人违反治安管理的，不予处罚，但是应当责令其监护人严加管教。"

2.《中华人民共和国预防未成年人犯罪法》

第 3 章第 14 条："未成年人的父母或者其他监护人和学校应当教育未成年人不得有下列不良行为：打架斗殴、辱骂他人、强行向他人索要财物。"

第 5 章第 42 条："未成年人发现任何人对自己或者对其他未成年人实施本法第 3 章规定不得实施的行为或者犯罪行为，可以通过其所在学校、其父母或者其他监护人向公安机关或者政府有关主管部门报告，也可以自己向上述机关报告。受理报告的机关应当及时依法查处。"

3.《中华人民共和国刑法》

第 2 章第 17 条："已满 16 周岁的人犯罪，应当负刑事责任。已满 14 周岁不满 16 周岁的人，犯故意杀人、故意伤害致人重伤或者死亡、强奸、抢劫、贩卖毒品、放火、爆炸、投放危险物质罪的，应当负刑事责任。已满 12 周岁不满 14 周岁的人，犯故意杀人、故意伤害罪，致人死亡或者以特别残忍手段致人重伤造成严重残疾，情节恶劣，经最高人民检察院核准追诉的，应当负刑事责任。"

自我拓展练习

张某，系某职业院校三年级学生，因琐事与同学李某发生矛盾，一时气愤，便指使无业青年王某教训李某。王某赶到学校门口时，李某已经离开学校。张某想起朋友赵某与同学刘某有矛盾，随即指使王某在学校附近对刘某拳打脚踢，致刘某轻伤。

结合案例，请根据本章所学回答：

1. 从校园欺凌应对的角度，如何对欺凌者、被欺凌者进行合理教育引导？
2. 从心理健康应对的角度，如何控制情绪，如何保持良性伙伴关系？
3. 如果这时你在现场，你应该怎么办？

第四章　财产安全——提高认知，防患于未然

导读

随着我国的大力扶持，职业教育迅速发展，办学规模不断扩大，学生人数、管理人数等也随之相应增加，校园社会化现象日趋明显。校园生活，对于每一名职业学生来说都是一段美好而又难忘的时光，但是校园财产安全问题往往容易受到学生的忽视，以至于造成不必要的个人财务损失，同时也会给学生身心带来健康威胁，因此校园防盗、防骗、防抢、防敲诈勒索等财产安全问题坚决不容忽视。

学习目标

知识与技能目标：学生通过学习了解校园内盗抢劫、敲诈犯罪的基本情况、规律和特点，做好防盗、防骗、防抢、防敲诈勒索，保证人身、财产安全不受侵害。

过程与方法目标：通过案例分析引发学习兴趣，加强互动沟通交流；通过知识讲解传授，加深印象。

情感、态度与价值观目标：学生通过学习提高财产安全意识，增强防骗意识。

学习重点：学习防盗、防骗知识，了解校园内盗窃、抢劫、敲诈犯罪的基本情况、规律和特点。

学习难点：在盗窃、诈骗、抢劫、敲诈等校园不安全事件发生时如何应对。

第一节　校园防盗应对

导入

学校最容易发生盗窃案件的行窃时间：

（1）刚入学，宿舍较乱，易发生被盗案件。
（2）放假前，易发生各类物品被盗。
（3）假期学生离校后，易发生撬门被盗。
（4）同学都去上课时，易发生被盗案件，尤其是上午第一、第二节及晚自习第一节课时。
（5）夏秋季节，开窗睡觉易发生"钓鱼"盗窃。
（6）学院举办大型文体活动、外来人员剧增时，发生盗窃的可能性也增加。
（7）学院开大会、运动会、考试、周末或假日等，因学生少，易发生被盗。

思考讨论
1. 在校期间应如何保管好自己的贵重物品？
2. 一旦发现自己的物品被盗第一时间应如何处理？

一、日常生活防盗

【视频4-1 日常防盗篇】

近几年，拥有智能手机、银行卡、电子词典、数码相机、笔记本电脑的同学越来越多，在校学生贵重物品失窃事件也随之增多。学生的财物大多是父母供给的，一旦被盗，将给学生们的生活、学习和心理带来不良的影响。如何在日常生活中提高安全意识，看管好自己的物品，是同学们需要认真思考和解决的问题。那么，校园日常生活中应该采取怎样的措施防盗呢？主要有以下几点。

（一）谨慎保管好银行卡

（1）保管好银行卡，不要轻易告诉他人，并要对个人家庭财产情况保密。

（2）密码设置得复杂些为好，不要设置 6 位相同的数字密码。不要用身份证或自己的生日、学号及通信工具的号码等一些容易被人了解的数字作为密码。

（3）去银行取钱的时候，一定要谨防自己的银行卡被不法分子掉包。

（4）不要轻易将自己的银行卡借给他人使用，更不能为了图省事，委托他人帮自己存款、取款。

案例

案例 1

某职业技术学院学生李某，因与同班女生谈恋爱，虚荣心重，父母每月给的 400 元生活费不够花销。开学初，在与同班女生王某的交谈中得知王某的银行卡上有 4800 元钱，此后几天时间里，李某便有意无意地与王某交谈有关银行卡密码设置方面的问题，最终巧妙地得知了王某银行卡的密码。

其后，李某与其女朋友请王某吃饭，趁机借用王某的银行卡在银行柜员机上提取了 4800 元现款，迅速地在 10 天内挥霍一空。事情败露后，李某被公安机关抓获，最终被判处有期徒刑两年。

案例 2

某职业技术学院女学生张某自入学后近一年的时间，通过配钥匙开锁，或乘虚而入，或顺手牵羊等手段，先后在同年级宿舍盗窃 10 余次。

张某所盗物品小到洗发水、录音机，大到智能手机、数码相机等财物，价值计 5000 余元。某日早上 7 时许，张某趁宿舍同学外出做早操的机会，盗窃同宿舍同学黄某放在床头的价值 1200 余元的爱华牌小收音机一部，后被学校保卫处查处。

思考：

对这两个案例你有何感想？

（二）注意贵重物品的保管

（1）在校学生的智能手机、笔记本电脑、平板电脑、数码相机、黄金饰品等贵重物品和身份证、学生证、一卡通、银行卡等证件在不用时，应锁在柜子里，并在贵重物品上有意识地做上一些特殊的记号，万一丢失，将来找回来的可能性也要大些。

（2）现金数额较大时应将其存入银行，银行卡密码应选择容易记忆且又不易解密的数字，银行卡需要与手机绑定，便于接收取存款的短信。一旦发现银行卡丢失后，应立即到银行挂失。

（3）在宿舍内也应尽量保管好自己的物品，不要随意乱丢乱放，以防被顺手牵羊、乘虚而入者盗走。

（4）离校时应将贵重物品带走或托可靠人保管，不可留在宿舍，住一楼的同学，睡前应将现金及贵重物品锁入柜子，防止被"钓鱼竿"勾走。

（三）保管好身份证、学生证、一卡通及银行卡

（1）在校学生特别注意银行卡、一卡通等不要与自己的身份证、学生证等证件放在一起，要有意识地将这几类物品分开保管，以免同时被盗后有人用身份证冒领存款及汇款。

（2）各类有价证卡，其最好的保管方法，就是放在自己贴身的衣袋内，袋口应配有纽扣或拉链。一位职业院校保卫部门负责人说："分析食堂发生偷盗的原因，主要还是由于学生们对钱包、手机等贵重物品的保护力度不够，有时甚至随意放入口袋，在食堂打饭的高峰期，不法分子往往混在人群中伺机动手偷盗。"

（3）如果参加体育锻炼等活动必须脱外衣时，应将证卡等锁在自己的箱子里，并保管好钥匙。

（四）随手关门，预防室内物品失窃

学生宿舍是集体住宿，人员流动频繁，学生短时间离开宿舍时不锁门引发的入室盗窃案件发生率最高。因此，保护好每个同学的财物，防止被盗，这不仅是个人的事，而且要靠全宿舍、全班同学的共同关心。

（1）一定要养成随手关好门窗的好习惯，注意保管好自己的钥匙，做到钥匙不离身，不随意外借，养成不乱扔、乱放钥匙的好习惯。

（2）在离开宿舍、教室、实验室时要随手关好门，哪怕是离开几分钟也不例外。

（3）学校的实验室、计算机机房等重要场所，应做到换人换锁，防止钥匙失控和被盗事件。

（五）严格控制外来人员进入宿舍楼

在宿舍里盗窃的外来人员，有的是兜售物品的商贩，见宿舍管理松懈，房门大开，进出自由，于是顺手牵羊偷走现金衣物等；有的是盗贼进宿舍"踩点"，摸清了情况，看准机会，就撬门扭锁大肆盗窃；还有一些是盗窃学生宿舍的惯犯，他们往往会打扮成学生模样在宿舍里到处乱窜，一遇机会就大捞一把。

（1）如果在学生宿舍发现可疑人员，应主动上前询问，态度应和气，要问得细致，必要

时还可以找人帮助。

（2）倘若来人回答疑点较多，神色慌张，则需要进一步盘问，问其姓名、单位，要求看其证件。

（3）为避免发生冲突，可请老师、宿管或学生干部等出面询问，若核实无误，再让其离去。

（4）如来人经盘问疑点很多，不肯说出其真实身份，就应在宿管或学生干部与其谈话将他拖住的同时，打电话通知学校保卫部门，尽快来人审查情况。这里需要特别提醒的是，盘问陌生人时，态度始终要和气，切不可动手，更不能随意进行搜查，如果可疑人真是个盗窃分子，还要提防其突然行凶或逃跑。

二、公共场所防盗

在学校图书馆、实验室、教室、食堂及校外超市、网吧等人员密集的地方，要留心自己的财物。

（1）去图书馆、教室时不要携带贵重物品。本人不在教室时，不要用书包去占座位，倘若短暂离开，也不要把手机、笔记本电脑、平板电脑等物品留在书桌上，要随身携带或委托同学保管，切不可脱离视线。

（2）做实验、就餐和体育活动时，要随时注意自己的物品状态。特别是在运动场锻炼时，不宜携带贵重物品，可先将重要物品保管好后再上运动场。

（3）去网吧时，不要随身携带贵重物品及大量现金。因为在上网时，当事人的注意力十分专注，即使失窃，也不会察觉，等有所察觉时，窃贼早已溜走。

（一）做好自行车防盗工作

（1）要给自己的自行车做好标记。

（2）在原有车锁的基础上再加装质量更好些的、比较牢固的车锁。窃贼一般采取"撬""套""剪"等手法盗车，因此要注意购买不易被盗贼撬开的车锁。

（3）要养成随手锁车的好习惯。

（4）将自行车停放在学校指定的车棚内或将自行车锁在允许的牢固物体上。骑车去公共场所，将车放到存车处保管。

（二）注意去银行或 ATM 机取款的安全

（1）倘若去银行或 ATM 机取款，切记在输入密码时，既要严格警惕旁边是否有人在偷窥，又要注意放好取款凭条，不能随手一丢泄露卡号。

（2）如果自己的操作并无失误，却出现钱、卡被吞时，一定要认真查看该 ATM 机是否有人做了手脚，如发现异常应立即报警。

（3）取完钱款后，千万要记着把银行卡要回，或从 ATM 机取回。

（4）如果自己的银行卡密码不慎泄密，一定要尽快更改密码。如果银行卡不慎丢失，一定要尽快去银行挂失。

第二节　校园防骗应对

导入

某职业学校女生李某独自一人在逛街，忽然前面一骑自行车的男子从后架上掉下一个皮包，李某停了一下，正欲呼喊，旁边另一男子将包捡了起来，向她使了个眼色，将她拉到一旁，打开包一看，里面装的竟然是三沓百元一捆的人民币。该男子对李某说："别出声，我们把它分了！"正说着，刚才骑自行车的男子又满头大汗、焦急万分地骑车返回，到李某和拾包男子的旁边便问："你们看到我掉的包没有？里面有三万元现金。"李某正欲说话，拾包男子抢着回答："没有，我们没看见。"该男子便急匆匆地到别的地方寻找去了。

拾包男子对李某说："这样，包你拿着，你把你身上值钱的东西给我一些，这里面的三万元钱就归你了！"于是，李某把自己的戒指、MP4和仅有的800元现金都给了他，心想占了个大便宜。等拾包男子走后，李某将包打开仔细一看，三捆钱除了上面和下面的两张是真币外其余的全是冥币。李某连忙跑去寻找拾包男子，可拾包男子早已消失得无影无踪。

思考讨论
1. 如果你是李某你会怎么做？
2. 现实生活中应如何防范此类事件的发生？

一、街头防骗

街头骗局多种多样，如"神仙算命""猜扑克牌""外币兑换""猜瓜子单双""象棋残局""拾钱均分"等，极具诱惑力。人们若一时冲动，贪图小利，很容易上当受骗。作为学生，我们要坚持知足知止的原则，对物欲私利的要求应该适度。只取自己应该得到的利益和享受，不向社会提出额外非分的要求。要通过诚实劳动取得利益和享受，不以非法手段谋取利益和享受。在追求自己的利益和享受的同时，尊重社会的公共利益和他人的利益，这是每一个大学生应该遵守的行为规范。

在导入案例中，李某因贪图不义之财，落入骗子的圈套，以致骗子得手。此类案件在全国各大城市中经常发生，新闻媒体也时常报道，但仍然有人包括大中专学生上当受骗。骗子固然可恨，被骗者的所图所为亦发人深思！

古人云："君子爱财，取之有道。"尽管各种骗术层出不穷，花招屡屡翻新，但只要我们能够谨记"莫贪小便宜"这句话，就能最有效地防备各种骗术。青少年是祖国的未来，要树立正确的金钱观和物质观，不要企图通过"捷径"发财，要牢记"天上不会掉馅饼"，切勿生贪财之念钻进骗子的圈套，以免财物受到不必要的损失。

调查显示，有以下5种心理倾向的学生比较容易上当受骗：

（1）思想单纯型。这类学生涉世未深，缺乏社会经验，防范意识不强，轻信他人。

（2）爱慕虚荣型。这类学生有一种攀高枝的心理，在对方向自己讲了一些令人向往和羡慕的话语后，就不自觉地被深深吸引了。

（3）结交广泛型。这类学生交际面广，抱着"多个朋友多条路"的心理，随意答应某些人的要求，结果上当受骗。

（4）贪图小利型。这类学生往往为蝇头微利所吸引，行骗者经常先提供某种免费产品，再邀其参加某种活动进而骗取财和物。

（5）明知故犯型。这类学生明知道有些事情是不可行的，但仍存侥幸心理，盲目地听信别人，最后被人骗了还不知道。

案例1

一天，某职业学校学生赵某和张某在校外护城河边散步，一名男青年手持一款新手机搭讪道："同学，需要手机吗？我很需要钱，所以才卖手机，优惠价1000元卖给你。"赵某知道这种型号的手机在市场上至少得卖2500元，自己很早就想买部手机，但因家境较差，一直未买。他接过手机看了看，确实是部新手机，于是经讨价还价，以800元成交。后来，他因为购买赃物被处罚。

思考讨论

1. 你在日常生活中遇到过此类事件吗？
2. 如遇到此类事件你觉得应该如何处理？

二、购物防骗

在校学生因为没有收入来源，加上虚荣心等心理，在购物的时候往往容易上当受骗。案例1中王某因贪图便宜购买路边"赃物"，本身这就是一种违法犯罪行为，不仅自己损失钱财，还被同学耻笑，懊悔不已。因贪图便宜，以低价购买手机、电脑、自行车等贵重物品的事件在职业学校学生中极为常见，应该提高警惕，引以为戒。

（1）贵重物品应在正规营业场所购买，并保存好发票。
（2）不要购买来历不明或无正规发票的物品。
（3）明显低于市场价格的商品多半是赃物或是伪劣产品，不能购买。

📝 案例2

某职业学校学生赵某在商场购物时，提包被小偷偷走，包内有手机和身份证、学生证等物。当日下午，赵某的母亲接到一名男子用其女儿手机打来的电话，该男子自称是赵某的班级辅导员，告诉她其女儿不幸遭遇车祸，已送到医院抢救，急需两万元手术费。着急的母亲见对方用其女儿的手机打来电话，救女心切，赶紧到银行按对方提供的账号汇款两万元。随后立即打电话给那位班级辅导员，告诉他钱已打到卡上，便迅速乘车赶往学校。两小时后，正在火车上的母亲接到女儿从宿舍打来的电话，方知女儿手机被盗，自己被骗了。赵某立即报案，公安人员立即通知银行，但卡上的两万元已被骗子在外地银行取走。

思考讨论

1. 你在日常生活中遇到过此类事件吗？
2. 如遇到此类事件你觉得应该如何处理？

三、防范个人信息泄露

（一）个人信息泄露，被骗子利用行骗的案件时有发生

骗子往往利用家长爱子心切的特点，向学生的家长谎报学生遭遇意外，骗取家长的钱财。案例2中，骗子利用赵某遗失的手机中存储的信息，轻松得到与其家长联系的方式，继而利用家长救女心切的心理，骗取钱财。手机失窃，个人信息保护不当是造成被骗的主要原因。

（二）应如何避免

（1）注意保护好个人及家庭的信息，诸如记载有个人姓名、联系方式的同学录、求职简历、身份证件等。

（2）在校学生要多与家人联系，应将自己的辅导员、关系密切的同学的情况和联系方式告知家长，以备家长紧急时使用。

（3）将此类骗局告诉家长，提醒家长若收到类似电话，应与学校联系，不能轻信陌生人，更不要急于汇款，以防被骗。

四、防"借用"银行卡行骗

（一）利用银行卡骗取钱财是诈骗分子常用的手段

犯罪分子屡屡使用手机、银行卡行骗，且一旦诈骗成功，就将手机、银行卡丢弃或销毁，往往很难查获。我们应当：

（1）遇到陌生人搭讪求助时要格外提高警惕，防止被骗子的谎言欺骗。

（2）不要将手机和银行卡借给陌生人使用。

（3）遇到可疑人，要及时报告学校保卫部门或公安机关。

（二）骗子诈骗学生的常用伎俩

（1）卖二手电脑（主要是手提式电脑），与实际价值不符。

（2）冒充教师、医生等，谎称学生受重伤或出车祸急需用钱，诈骗家人钱财。

（3）冒充学校教师强迫学生购买劣质学习用品。

（4）借银行卡转账调包。

（5）故意丢钱包作诱饵引人上钩，骗取、抢夺钱财。

（6）手机短信中奖骗取所谓"奖金税""手续费"等。

（7）利用模具手机以假换真、抵押借款、低价贱卖等方式骗取钱财。

（8）以办培训班为名，骗取培训费。

五、微信诈骗

随着微信在社交平台中走红，微信诈骗异军突起，花样繁多。以"朋友圈"为对象设计的各种诈骗手法也先后出现，越来越多的犯罪分子通过微信骗财骗色。当前微信诈骗类型有代购诈骗、二维码诈骗、盗号诈骗、伪装诈骗、点赞诈骗和假公众账号诈骗等。因此应特别注意：

（1）使用微信转账的时候一定要看清楚是付款还是收款。

（2）及时查看钱包明细。

（3）若发现上当受骗要及时向公安机关报案，并提供骗子的账号和联系电话等详细情况，以便公安机关及时开展侦查破案。

六、电话诈骗

电话诈骗就是利用电话进行诈骗的活动。电话诈骗现已蔓延至全国，在日常生活中要小心电话诈骗，遇到这类情况，要三思而后行，别轻易相信对方，如发现有诈骗嫌疑，应该立即报警。

【视频 4-2 防电信诈骗篇】

（1）如果当事人真的涉及经济犯罪，只能通过当地公安对其进行刑侦逮捕审查，不可能只通过电话来办案。

（2）接到自称是警察或者法院工作人员的电话不要畏惧，如有疑问要拨打 110 核实。

（3）接到要求转账的电话和短信时一定要谨慎，不要贸然转账或者点击相关网址。

（4）及时关注社会新闻，加强防骗知识的学习。

第三节　校园防抢应对

导入

一天晚上，某职业学校男生李某和女生王某在学校山上一偏僻处谈恋爱，突然从林中蹿出三名男子，其中一名男子手持尖刀抵住李某的后腰，威胁他们不许呼叫，另两名男子将李某和王某身上的 800 多元现金、手机等财物洗劫一空，三名男子得手后分开逃窜。李某、王某立即大呼"抢劫""救命"，被在附近巡逻的校卫队员听到，三名歹徒被迅速抓获。

点评：抢劫和抢夺案件多发生在夜间或校园内行人稀少的山林、运动场等偏僻地段，受害人多为恋人。不法分子多携带凶器作案，往往抢劫（抢夺）不成就对受害人行凶，性质恶劣，危害性极大。本案中，李某、王某之所以被劫，关键还是他们缺乏安全防范意识，夜深时跑到偏僻的山上谈恋爱，为犯罪分子实施抢劫提供了条件。同学们要明白：可以独处的地段，往往也是没有人提供帮助的地段，为一时欢愉，可能导致终身遗憾，甚至是无法弥补的损失。

思考讨论：
1. 遭遇抢劫（抢夺）时应该采取什么措施？
2. 如何正确地进行正当防卫？

抢劫和抢夺是当今社会诸多犯罪形式中危害严重、公共影响恶劣的一种暴力犯罪类型。它不仅给被害人带来了极大的身心伤害和财产损失，而更可怕的是，它不单单针对某个人，而是针对整个社会，是对公共秩序的公然挑衅和蔑视，容易催生不安定心理，造成恐慌情绪，引发整个社会的不稳定。因此，人们对涉抢的犯罪案件总是非常关注和重视。

一、校园内抢劫和抢夺应对

近年来，校园抢劫和抢夺案件时有发生，使学生的生命与财产安全遭遇严重的威胁。校园防抢，刻不容缓。

（一）发生在校园的抢劫和抢夺案件具有的特点

（1）时间：一般为师生休息或校园内夜深人静之时。

（2）地点：大多数发生于校园内比较偏僻、阴暗、人少的地带，一般为树林中、小山上、远离宿舍区的教学实验楼附近或无路灯的人行道、正在兴建的建筑物内。

（3）对象：多为单身行走的人员，特别是单身行走的女性，或滞留在暗处的恋爱男女。

（4）作案人：一般为校内或学校附近有劣迹行为的小青年，熟悉校园环境，往往结伙作案；作案时胆大妄为，作案后逃遁。有时也有外地流窜人员伺机作案。

案例 1

周末，某职业学校学生张某在住宅附近的网吧独自包夜上网，大约凌晨 4 点钟，在同一

网吧上网的两个社会青年向张某提出借50元钱,张某不从,随即被殴打,并被抢走100多元。之后,两个社会青年扬长而去。

提示:

(1)深夜尽量不要单独出行,特别是女生,外出时最好结伴而行,或者携带防卫工具。

(2)夜间行走时尽量在有人、有灯光的地方走。发现可疑人员跟踪时不要害怕,可以大声呼叫同学、老师的名字。

(3)不要外露或向人炫耀随身携带的贵重物品,外出时不要携带过多现金和贵重物品,必须携带时,应邀同学随行。

(4)夜间单身行走时不要显露过于胆怯的神情。

(5)不要独自到行人稀少、阴暗、偏僻的地方逗留。

(6)遭遇抢劫(抢夺)要及时报警。

(二)学生在遭遇抢劫(抢夺)时应该采取的措施

(1)沉着冷静不恐慌。无论何时遭遇抢劫,首先要保持镇定,克服畏惧、恐慌情绪,其次要有正义必然战胜邪恶的信念。

(2)力量悬殊不蛮干。不法分子抢劫(抢夺)作案,一般都做了相应准备,要么人多势众,要么以凶器相逼,有的同学由于生性刚烈,往往鲁莽行事,易为犯罪分子所伤害。

(3)快速撤离不犹豫。俗话说"三十六计走为上",同学们如遭遇抢劫,对比双方力量,感到无法抗衡时,可看准时机向有灯光或人员集中的地方快速奔跑,不法分子由于心虚,一般不会穷追不舍。

(4)巧妙周旋不畏缩。当同学们已处于不法分子的控制之下无法反抗时,可先交出部分财物缓和气氛,再理直气壮地向作案人进行法制宣传或晓以利害,在其心理开始动摇放松警惕时,看准机会反抗或逃脱。

(5)留下印记不放过。同学们一旦遭遇抢劫(抢夺),要注意观察作案人,尽量准确地记下其特征,如身高、年龄、发型、体态、衣着、胡须、特殊疤痕、语言及行为等,还可趁其不注意在作案人身上留下暗记,如衣服上擦血迹等,便于向公安机关侦破案件提供线索。

(6)大声呼救不胆怯。不法分子有其胆大妄为和凶悍的一面,更有其心虚的一面,只要同学们把握机会,及时呼救,一些抢劫案便可以得到有效的控制。

二、校园外抢劫和抢夺应对措施

相对而言,校园外遭遇抢劫(抢夺),可防可控的程度较低。因此,了解和掌握一些必要的防抢技巧，对于保护同学们的人身财产安全具有更现实的意义。

案例2

开学前，某职业学校学生彭某从网吧回校时，在学校南门外被四名男子拦住去路。他们称："我们老大是不是被你打了？走，跟我们回去说清楚！"彭某辩称根本不知道对方老大是谁，但被四人强行拖上停在路边的一辆面包车，劫持至一河边。四名男子要彭某交出随身携带的手机、银行卡等物，并逼迫其说出银行卡密码。随后，以核对密码为由，取走卡内现金4000余元。为防止彭某报警，劫匪还逼其脱光衣服，将彭某丢在河边扬长而去。此案很快被公安机关侦破。原来四名犯罪分子均喜好上网并吸毒，在网吧他们就盯上了彭某。

点评：

上述案例中，犯罪嫌疑人利用开学前学生携款返校之机作案，先在网吧盯上彭某，然后随口编造一个谎言，将其带入偏僻地带实施抢劫。大学生出门在外，一定要保持高度的警惕性，遇到类似谎言、骗局时，切不可随陌生人进入偏僻地带，要及时呼救。

校园外防抢应对措施

（1）独自一人外出时，要妥善保管好自己的随身物品，提高警惕，留意是否有可疑人员跟踪；若到偏僻场所时最好结伴而行。

（2）只要有可能，就大声呼救，或故意高声与作案人说话。

（3）不要把手机挂在胸前，夜间行走不要边走边打电话，背包时最好在与车行相反方向的人行道上走路；骑自行车时不要把贵重物品放在车篓里，防止不法分子将铁丝缠住后轮，待你回头看时趁机抢走物品。

（4）当遇到陌生女子引诱或请到某一娱乐场所玩时，切勿随意跟去。

（5）外出时不要轻易和陌生人交谈，不能随便饮用陌生人提供的饮料，抽陌生人递过来的香烟，吃陌生人给的食物。

（6）到银行存取款时，要注意观察周围有无可疑人员尾随；提取大额现金时最好约请同学做伴；遇到紧急情况应向警察、路人或拨打

110求救。

三、正当防卫

【视频4-3 正当防卫认定篇】

为了使国家、公共利益、本人或者他人的人身财产和其他权利免受正在进行的不法侵害，而采取的制止不法侵害的行为，称为正当防卫。在正当防卫中，对不法侵害人造成伤害的，不负刑事责任；正当防卫明显超过必要限度造成重大伤害的，应当负刑事责任，但是应当减轻或者免除处罚。

案例3

一天晚上，某职业学校学生田某从同学家归来，路过一条偏僻的胡同时，从胡同口跳出一名持刀青年黄某。黄某用刀逼着田某交出钱和手机。田某扭头就跑，结果跑进了死胡同，而黄某持刀紧随其后，慌乱、害怕中，田某拿起墙角的一根木棒，向黄某挥去，黄某应声倒下。田某立即向派出所投案，后经查验，黄某已死亡。

点评：

本案例中，学生田某路遇黄某持刀抢劫，且在田某逃跑时，黄某持刀紧追，性质恶劣。田某跑进死胡同，黄某步步紧逼，其举动已威胁到田某的生命安全，田某正当防卫的客观条件已经具备。田某借助墙角的木棒挥打，不慎将黄某打死，应属于正当防卫。

满足正当防卫的4个条件为：

（1）必须是在为了使国家、公共利益、本人或者他人的合法权利免受不法侵害时。

（2）必须是在不法侵害正在进行时。

（3）必须是对不法侵害者本人实施防卫，而不能对无关的第三者实施。

（4）正当防卫不能超过必要的限度，造成不应有的损害。

第四节　校园敲诈勒索应对

📝 导入

案例 1

诈骗分子李某，西装革履，风度翩翩，手中持着某电视台台长名片，提着高级摄像机，来到一所学校学生宿舍，声称要招收若干名电视台节目主持人，每人先交 50 元报名费，经考试合格录用。当即不少学生与李某结交，并有 20 多名学生报名交款。李某为这 20 多名学生录了像，说是带回去审核时作参考。结果，李某骗得 1000 余元后，逃之夭夭。

案例 2

2005 年，某市 4 所学校数百名外地学生在订春运机票时上当受骗，13 万元订票款被骗子卷走。大部分受骗的学生说，他们学校有 180 多名学生通过同学牵线，向一家机票代理点集体订票，原定在当月 10 日就可拿到机票，可时间一拖再拖，最后他们才发现受骗。这场骗局是以"低价格高回扣"的方式进行诈骗的。犯罪嫌疑人吹嘘自己是某航空公司老总的司机，有低价推销机票的便利。于是很快就有 180 多名同学受到利诱，迅速报名交了半价票款。

案例 3

小王是云南某职业技术学院一年级的新生，一天他正和几名室友坐在宿舍里聊天时，突然一名戴眼镜的中年男子敲门进来。这名男子自称是他们的系主任，来检查新生的入学情况。

小王等人立马站起来，向"系主任"汇报情况。在聊天过程中，"系主任"表示，为了教学方便，要求小王他们购买他拿来的一套教学光碟，说："学校要求每个新生都要购买的，你们现在买还可以挑选一下，到正式开学的时候，根本不可能有挑选的余地。"

听到这里，小王和几位室友连忙每人拿了 500 多元钱给这位"系主任"各买了一套光碟。可当开学之后，发现学校并没有要求学生购买这套教学光碟，而且"系主任"卖给他们的这套光碟根本打不开，全是坏碟。

事后找系主任时，却发现他们的系主任根本就不是那天上门来看他们的那人，这时才知道自己上当受骗了。

思考讨论：

1. 请分别谈谈对以上三个案例的看法。
2. 如果遇到此类事件，应如何正确地进行处理？

一、常见的诈骗形式

随着社会治安的日趋复杂，形形色色的犯罪分子往往在年轻幼稚、思想单纯的在校学生身上打主意，或借结交之机进行推销、招聘，或变换手法，施展骗术，引诱学生上当受骗。诈骗的主要表现形式有以下几种。

【视频 4-4 常见诈骗方式篇】

（一）伪装身份，骗取钱财

如假装是辅导员、班主任、系主任等学校管理人员，或假装是某单位领导，可以对其毕业找工作提供帮助。

（二）投其所好，引诱上钩

常有骗子以帮助办理出国手续、介绍工作等手法为诱饵，达到行骗的目的。

（三）利用关系，伺机骗钱

在学生宿舍里，常有一些前来寻访的同学、朋友、老乡之类的人，其中有的是真的，有的是假的。有些同学思想单纯，缺乏经验，轻易相信别人，结果被骗子轻易骗去钱财。

（四）真实身份，虚假合同

利用假合同或无效合同进行诈骗的案件，近几年有所增加。一些骗子利用学生经验少，急于赚钱补贴生活的心理，常常会以公司名义、真实的身份让学生为其推销产品，事后却不兑现承诺。对于类似的案件，由于事先往往没有完备的合同手续，处理起来比较困难，时间拖得很长，而问题得不到解决。

（五）借贷为名，诈骗钱财

有的骗子利用人们贪图便宜的心理，以高利还款为诱饵，向教师和学生以"急于用钱"为由借钱。一旦钱到手，立马挥霍一空，要债的追得紧了就再向其他同学借款补洞。

（六）以次充好，恶意诈骗

一些骗子打着物美价廉的旗号混入校园或学生宿舍里进行产品推销，这些产品往往以次充好，名不符实，没有安全保障。他们甚至一旦发现室内无人，就会顺手牵羊，溜之大吉。

（七）推销紧俏商品，以假钞骗真钞

案例1

某年5月，不法分子张某和廖某探听到某学校刚发过奖学金，于是计划到女生宿舍行骗。他们带着紧俏的真皮背心去推销，优惠价说成108元，称交朋友，只收整数100元。

行骗者事先就在衣兜里装好一张100元票面的假钞，待买皮背心的女生付给其100元票面的真钞后，行骗者接过去往衣兜里一插，马上又拿出来还给对方说："最好付零钱。"

淳朴的学生万万想不到，瞬间返还她的钱已经不是她刚才付的那张真钞了，又拿了两张50元的真钞付给对方。等得知上当时，追行骗者已经来不及了。

（八）手机诈骗，网络陷阱

手机或网络诈骗的伎俩主要有：事先付款，有去无回；以次充好，短斤缺两；通知中奖，却要先付手续费；诱人的广告，套取高额电话费、手机号码或银行账号。这种案件已发生很多起，要引起高度重视。

（九）骗取信任，寻机作案

诈骗分子常利用一切机会与学生拉关系、套近乎，骗取信任后，寻机作案。

案例2

案例（1）

2004年11月晚上，某学校一位计算机专业的女生正在校园里散步。

突然，一位西装革履的男子凑上前来，叽里呱啦地说了一通女生听不懂的话。随后，该男子递上一张名片。女生接过一看，上面全是韩国文字，于是顺口用英语询问对方是否是韩国人？"你怎么知道？"男子眼睛一亮，也用英语回答道。正想作英语口语练习的女生便与男子攀谈起来。

聊了几句后，男子要求借用一下女生的手机。女生将手机借给了他。此人先是说电话打不通，随后又借口人多太吵，转到了一个僻静的地方继续拨打。结果还不到5分钟，西装革履的"韩国人"就在女生眼皮底下消失了。

案例（2）

某校附近个体小吃店主张某，主动与校内几个经常来店进餐的学生拉关系，表现得十分慷慨，不久即与学生交上朋友。学生也常将张某带进学生宿舍玩乐。在以后一年多的时间里，学生宿舍的财物经常不翼而飞，造成有的同学连生活费、放假回家路费也无着落，张某有时还主动资助一点。同学们之间互相猜疑，唯独对张某不曾怀疑。

后经校保卫部门周密调查取证，终于查获了张某利用往来自由之便多次盗窃学生大量现金、物品的事实。

（十）故意制造事端，勒索钱财

✏️ **案例 3**

某年 8 月的一个晚上，某职业院校的 3 位学生在灯光耀眼的大街上散步，莫名其妙地有一名过路人撞了过来。

那人拣起落在地上的眼镜说："你们眼睛瞎了？我这副眼镜采用的是进口玻璃、进口镜架，你们要赔 280 元。"不知"行情"的同学正纳闷，想不到又走来一伙人，摆出一副公道的样子说："你撞人不认账，还想打人，若不赔偿，我们要帮他摆平。"

3 位同学见势不妙，只得掏光身上的钱赔给对方，还挨了一顿打。在回校的路上才明白，今晚遇到的是合伙作案的骗子。

二、提高警惕，做好预防措施

（1）提高防范意识，学会自我保护。

✏️ **案例 4**

某学校应届毕业生齐某为找工作，托人结识了自称与某公司经理的儿子有深交的李某，其爽快地答应说："交 800 元介绍费，找工作没问题。"谁知李某拿到了介绍费后便无影无踪了。

（2）不要把自己及家庭情况轻易告诉陌生人，以免上当受骗。
（3）发现可疑人员要及时报告。

✏️ **案例 5**

某日中午，有两个陌生人到某学院男生宿舍，自报是本校总务处的工作人员，说学院要为学生换发图书馆借书卡，同时发给学生登记表格，要求学生写清楚家长姓名和家庭联系电话。

学生干部立刻将自己的疑点报告班主任，经查实这是一起犯罪分子未得逞的校园诈骗案件。

（4）对于上门的陌生来客，要小心应对，尽量不为他们提供单独行动的时间和空间，以避免给犯罪分子可乘之机。

（5）服从校园管理，自觉遵守校纪校规。为了加强校园的管理，每个学校都制定了一系列管理制度和规定。制度是约束同学们行为的，在执行过程中可能给同学们带来一些不便，但是制度的确是必不可缺的。绝大多数校园管理制度是为防范校外闲杂人员和犯罪分子混入校园作案，以维护学生正当权益和校园秩序为目的而制定的。因此，同学们一定要认真遵守校纪校规，积极支持有关部门履行管理职能，努力发挥自己的应有作用，确保自己和学校安全。

有关法律法规

《中华人民共和国治安管理处罚法》第59条第3款："收购公安机关通报寻查的赃物或者有赃物嫌疑物品的，处500元以上1000元以下罚款；情节严重的，处5日以上10日以下拘留，并处500元以上1000元以下罚款。"

《中华人民共和国刑法》第266条："诈骗公私财物，数额较大的，处3年以下有期徒刑、拘役或者管制，并处或者单处罚金；数额巨大或者有其他严重情节的，处3年以上10年以下有期徒刑，并处罚金；数额特别巨大或者有其他特别严重情节的，处10年以上有期徒刑或者无期徒刑，并处罚金或者没收财产。"

《中华人民共和国刑法》第263条："以暴力、胁迫或者其他方法抢劫财物的，处3年以上10年以下有期徒刑，并处罚金；有下列情形之一的，处10年以上有期徒刑、无期徒刑或者死刑，并处罚金或者没收财产：

（1）入户抢劫的；
（2）在公共交通工具上抢劫的；
（3）抢劫银行或者其他金融机构的；
（4）多次抢劫或者抢劫数额巨大的；
（5）抢劫致人重伤、死亡的；
（6）冒充军警人员抢劫的；
（7）持枪抢劫的；
（8）抢劫军用物资或者抢险、救灾、救济物资的。"

《中华人民共和国治安管理处罚法》第 49 条："盗窃、诈骗、哄抢、抢夺、敲诈勒索或者故意损毁公私财物的，处 5 日以上 10 日以下拘留，可以并处 500 元以下罚款；情节较重的，处 10 日以上 15 日以下拘留，可以并处 1000 元以下罚款。"

《中华人民共和国刑法》第 20 条第 3 款："对正在进行行凶、杀人、抢劫、强奸、绑架以及其他严重危及人身安全的暴力犯罪，采取防卫行为、造成不法侵害人死亡的，不属于防卫过当，不负刑事责任。"

小　　结

通过本章的学习，同学们能够了解校园盗窃案件的行窃方式，校园内抢劫案件的显著特点及常见的诈骗形式。针对各类盗窃伎俩、抢劫特点、诈骗形式，学习防盗知识，增强防抢意识，认真做好防盗、防骗、防抢、防敲诈勒索，保证人身、财产安全不受侵害。

自我拓展练习

1. 你是否有手机、银行卡、现金或其他贵重物品被盗的经历？现在回想起来如果当时采取怎样的措施可以避免失窃？
2. 想一想，目前自己的贵重物品是否已保管妥当？应立即采取什么措施呢？
3. 讲一件在报纸上读到的或在电视中看到的成功避免了抢劫案发生的故事，并分析在该案中受害人的主要成功经验。
4. 谈谈自己被诈骗的经历，分析被骗的原因。
5. 骗子常用的诈骗伎俩都有哪些？

第五章　消防安全——预防为主，生命至上

导读

火给人们带来光明和温暖，推动了人类文明和社会的进步。但火如果失去控制，酿成火灾，就会给人们的生命财产造成巨大损失。为了增强广大职业院校学生的消防安全意识，明确消防安全责任，了解消防安全知识，掌握灭火、疏散、逃生的技能，提高自防自救能力，学习消防知识是学生在校学习期间不可或缺的一课。

【5-1 学生宿舍火灾案例】

学习目标

知识与技能目标：掌握消防安全知识，了解火灾的起因与危害，熟悉火灾报警和手动控制装置标志，明确火海逃生要诀，牢记防火措施。

过程与方法目标：通过分析案例、观看视频提高学生的学习兴趣，以实际消防演练让学生身临其境地学会逃生技巧。

情感、态度与价值观目标：通过学习，同学们应自觉提高消防安全意识，防微杜渐，并做到珍爱生命，远离火灾。

学习重点：了解消防安全常识、火灾扑救常识，掌握灭火方法。

学习难点：学会自救与逃生。

第一节　校园火灾的特点和类型

导入

2003年12月23日凌晨5时40分左右，东北大学4号女生宿舍219室突发大火。火灾

的原因为 219 宿舍学生用"热得快"烧水，因晚上突然停电，她只好从水壶中拔下"热得快"放到床上，但忘了切断电源，早晨醒来后发现床上的"热得快"已经将床铺引着，惊慌之下，四处敲门喊醒其他宿舍的学生。由于这名女生逃生时打开了宿舍的门，因此通风后火势更加猛烈。一些女生拿起了楼道内存放的灭火器，但直到十几只灭火器用完，也没能扑灭大火。她们又开始用脸盆接水灭火，但也没能减小火势。消防员来了后发现宿舍楼共有 3 个通道，其中一个被胶合板钉死，他们打开通道，将学生转移，扑灭大火。

思考讨论

1. 219 宿舍学生的哪些做法是错误的？
2. 遇到火灾应如何自救？

一、校园为什么易发生火灾

学校历来是各级政府和有关防火职能部门高度重视的防火重点单位，不论是哪一类型、性质的学校，都存在较大的火灾危险性。

学校实验室涉及实验多，各类易燃易爆物品多，用火用电多，供水、供电、供气等基础设施老化的破旧建筑物多，在建的建筑工程多，人员密度高、集中而又相对分散，且习惯性违规违章行为时有发生，消防安全教育宣传不够深入和普及，安全管理时有疏漏等，这些均是火灾的成因。

【5-2 小火苗吃楼记】

案例

某高校一公寓 523 宿舍发生一起火灾事故，致使配置给该宿舍使用的长条桌、物品柜等设施因火灾被损，另有价值 4000 余元的学生个人财物被烧毁。经查这起火灾事故是由于该宿舍两名同学将应急灯长时间充电 13 小时，宿舍当时无人，使蓄电池过热，引燃桌下纸箱内的易燃物而造成火灾。

思考谈论
1. 事发宿舍学生的哪些做法是错误的？
2. 如何做好宿舍消防安全？

二、学校火灾的特点

（一）火灾事故突发，起火原因复杂

学校的内部单位点多面广，设备、物资存储较为分散，生产、生活火源多，用电量大，可燃物特别是易燃物种类繁多，工作人员的管理水平不一。造成起火，有人为的原因，也有自然的作用，任何环节的疏忽，都有可能造成火灾。从时间上看，火灾大都发生在节假日、课余时间和晚间；从发生的部位上看，多发生在实验室、仓库、图书馆、学生宿舍及其他人员往来频繁的公共场所等存在隐患的部位及生产、后勤部门及其出租场所，这些部位一旦发生火灾，往往具有突发性。

（二）高层建筑增多，给火灾预防和扑救工作带来巨大困难

学校因受扩招、大办各类成人高等教育等教育产业化的驱动，及学校之间教学、科研的竞争，各个学校的建设规模都在不同程度上迅速扩大，校园的发展较快，校内高层建筑增多，形成了火灾难防、难救、人员难于疏散的新特点，有的高层建筑还存在消防设备落后、消防投资不足等弊端，这些都给消防安全管理工作带来了一定难度。

（三）火灾容易造成巨大的财产损失

学校教学、科研、实验仪器设备多，动植物标本、中外文图书资料多，一旦发生火灾，损失惨重。精密、贵重的仪器设备，往往是国家筹集资金购置的，发生火灾造成损失后，很难立即补充，既有较大的有形资产损失，直接影响教学、科研与实验的正常进行，更有无形资产损失。珍贵的标本、

图书资料是一个学校深厚文化积淀的重要标志,须经过几十年、上百年的积累和保存,因火灾造成损失,则不可复得。因而,这类火灾损失极为惨重,影响极大。

(四)人员集中,疏散困难

学校人口密度大,集中居住的宿舍公寓多,宿舍公寓内违章生活用电、用火较多,因用电、用火不慎而发生火灾后,火势得不到控制则很快蔓延,火烧连营。在人员密度大、影响顺利疏散逃生的情况下,难免会造成人身伤亡。学校是社会稳定的晴雨表,是各类信息的集散地,一旦发生火灾,会迅速传遍社会,特别是出现人身伤亡,会造成极为严重的社会影响。

三、校园常见的火灾类型

校园火灾从发生的原因上可分为以下类型。

(一)生活火灾

生活用火一般是指人们的炊事用火、取暖用火、照明用火、点蚊香、吸烟、燃放烟花爆竹等,由生活用火造成的火灾称为生活火灾。随着社会的全面进步发展,炊事、取暖用火的能源选择日益广泛,有燃气、燃煤、燃油、烧柴、用电等多种形式。学生生活用火造成火灾的现象屡见不鲜,原因也多种多样,主要有:在宿舍内违章乱设燃气、燃油、电器火源;火源位置接近可燃物;乱拉电源线路,电线穿梭于可燃物中间;使用大功率照明设备等。

由于部分学生缺乏必要的消防安全知识,违章生活用火严重,酿成火灾已成必然。有统计表明,生活火灾已占校园火灾事故总数的70%以上。安全使用生活火源必须引起学生的高度重视,学生必须学会自防自救。

(二)电器火灾

目前学生拥有大量的电器设备,大到电脑、电吹风,小到台灯、充电器,还有违规购置的电热毯、热得快等电热器具。学生宿舍由于所设电源插座较少,学生违章乱拉电源线路现象普遍,不合安全规范的安装操作致使电源短路、断路、接点接触电阻过大、负荷增大等引起电器火灾的隐患增多。电器设备如果是不合格产品,则更是致灾因素。尤其是电热毯、热得快等的不规范使用,极易引发火灾。

(三)自然现象火灾

自然现象火灾不常见,这类火灾基本有两种:一种是雷电,一种是物质的自燃。雷电是常见的自然现象,它是大气层运动产生高压静电再行放电,放电电压有时达到几万伏,释放能量巨大。当作用于地球表面时,具有相当大的破坏性。它产生的电弧可为引起火灾的直接火源,摧毁建筑物或窜入其他设备可引起多种形式的火灾。预防雷电火灾就必须合理安装避雷设施。自燃是物质自行燃烧的现象。如黄磷、锌粉、铝粉等燃点低的一类物质在自然环境下就可燃烧；钾、钠等碱金属遇水即剧烈燃烧；不干的柴草、煤泥、沾油的化纤、棉纱等大量堆积，经生物作用或氧化作用积聚大量热量，使物质达到自燃点而自行燃烧发生火灾。对自燃物品一定要以科学的态度和手段加强日常管理。

知识拓展

【5-3 火灾的种类】

一、火灾分类

火灾分类，是消防词汇。根据可燃物的类型和燃烧特性，按标准化的方法对火灾进行分类。根据国家标准《火灾分类》的规定，将火灾分为A、B、C、D、E、F六类。

1. A 类火灾

指固体物质火灾。这种物质通常具有有机物质性质，一般在燃烧时能产生灼热的余烬，如木材、干草、煤炭、棉、毛、麻、纸张等引起的火灾。

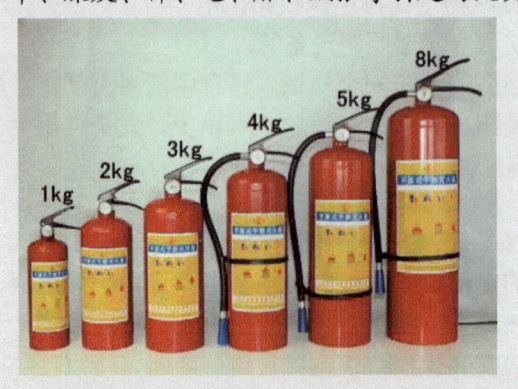

2. B 类火灾

指液体或可熔化的固体物质火灾，如煤油、柴油、原油、甲醇、乙醇、沥青、石蜡、塑料等引起的火灾。

3. C 类火灾

指气体火灾，如煤气、天然气、甲烷、乙烷、丙烷、氢气等引起的火灾。

4. D 类火灾

指金属火灾。如钾、钠、镁、钛、锆、锂、铝镁合金等火灾。

5. E 类火灾

指带电火灾。物体带电燃烧引起的火灾。

6. F类火灾

指烹饪器具内的烹饪物（如动植物油脂）火灾。

二、灭火器的选择

不同类型的火灾，在选择灭火器时应符合下列规定：

（1）扑救A类火灾即固体燃烧的火灾应选用水型、泡沫、磷酸铵盐干粉、卤代烷型灭火器。

（2）扑救B类即液体火灾和可熔化的固体物质火灾应选用干粉、泡沫、卤代烷、二氧化碳型灭火器。

（3）扑救C类火灾即气体燃烧的火灾应选用干粉、卤代烷、二氧化碳型灭火器。

（4）扑救带电火灾应选用卤代烷、二氧化碳、干粉型灭火器。

（5）扑救带电设备火灾应选用磷酸铵盐干粉、卤代烷型灭火器。

（6）对D类火灾即金属燃烧引起的火灾，应选用干粉灭火器，或采用干砂或铸铁沫灭火

（7）F类火灾用锅盖扑灭或泡沫灭火器扑灭。

第二节　校园火灾的预防

导入

2008年3月19日下午4点左右，南京某高校3号男生宿舍楼突然起火，猛烈的大火很快将整间宿舍烧个精光，所幸没有人员受伤。据调查，这个宿舍存在着私拉电线的现象，当天下午宿舍内的电脑又一直没关，电脑发热引发了火灾。

思考讨论

1. 此案例中男生宿舍的学生哪些做法是错误的？
2. 如何有效预防校园火灾的发生？

一、学生宿舍防火

学生宿舍（公寓）是学校的防火重点部位之一，全面做好学生宿舍（公寓）防火工作有极其重要的意义。一般来说，生活用火是引发学生宿舍火灾的重要因素。

📝 案例

2007年1月11日，东北师范大学研究生宿舍2舍一楼发生火灾，浓烟将十一层高的整个宿舍笼罩，楼上百余个宿舍的500余名学生被困。在浓烟的威胁下，大部分学生采取用湿毛巾捂住口鼻、弯腰逃生等方式自救，但仍有个别学生因受不了浓烟的熏呛做出将要跳楼的举动。危急时刻，在消防队员的制止下，这几名学生最终被送至安全地带，消防人员救人与灭火同步进行。大火被扑灭，被困的500余名学生被成功疏散到安全地带。后经调查，确认起火的原因是该宿舍楼一楼干洗店干洗机旁边的一堆衣物着火，火势很快蔓延，并迅速产生很大的浓烟。

思考讨论
1. 如何预防宿舍火灾的发生？
2. 如何做好火灾逃生自救？

【5-4 校园火灾原因及消防安全防护十戒】

二、宿舍公寓火灾预防

为了杜绝学生宿舍（公寓）发生火灾事故，同学们要做到十戒。
（1）一戒私自乱拉电源线路，避免电线缠绕在金属床架上或穿行于可燃物中间，避免接线板被可燃物覆盖。
（2）二戒违规使用电热器具。

（3）三戒使用大功率电器。
（4）四戒使用电器无人看管，必须人走断电。
（5）五戒明火照明，灯泡照明不得用可燃物作灯罩，床头灯宜用冷光源灯管。
（6）六戒室内乱扔、乱丢火种。
（7）七戒室内燃烧杂物、点蚊香等。
（8）八戒室内存入易燃易爆物品。
（9）九戒室内做饭。
（10）十戒使用假冒伪劣电器。

三、消防安全宣传二十条

火灾，随时随处可能发生。只要我们每个人都能以高度的消防安全责任感，科学的消防态度搞好火灾的预防，许多火灾都可避免。公安部、消防局借鉴一些经济发达国家的消防宣传经验，依据"预防为主，防消结合"的消防工作方针，从我国国情出发，专门编发了《消防安全20条》，现提供给大家参考。

（1）父母师长要教育学生养成不玩火的好习惯。任何单位不得组织未成年人扑救火灾。
（2）切莫乱扔烟头和火种。
（3）室内装饰装修不宜采用可燃材料。
（4）消火栓关系公共安全，切勿损坏、圈占或埋压。
（5）爱护消防器材，掌握常用消防器材的使用方法。
（6）切勿携带易燃危险品进入公共场所和乘坐公共交通工具。
（7）进入公共场所要注意观察消防标志，记住疏散方向。
（8）在任何情况下都要保持疏散通道畅通。
（9）任何人发现危及公共消防安全的行为，都可向公安消防部门或值勤公安人员举报。

（10）生活用火要特别小心，火源附近不要放置可燃物品。

（11）发现煤气泄漏，应速关阀门，打开门窗，切勿触动电器开关和使用明火。

（12）电器线路破旧、老化要及时修理、更换。

（13）电路保险丝（片）熔断，切勿用铜丝、铁丝代替。

（14）不能超负荷用电。

（15）发现火灾迅速打电话119报警，消防队救火不收费。

（16）了解情况的人，应及时将火场内被困人员及易燃易爆危险品情况告诉消防人员。

（17）火灾袭来时要迅速疏散逃生，不要贪恋财物。

（18）必须穿越浓烟逃生时，应尽量用浸湿的衣物披裹身体、捂住口鼻，贴近地面前行。

（19）身上着火，可就地打滚，或用厚重衣物覆盖压灭火苗。

（20）大火封门无法逃生时，可用浸湿的被褥、衣物等堵塞门缝，泼水降温，呼救待援。

第三节　灭火常识

导入

2004年寒假刚开学不久，某高校体育学院02级的两名女生违反学生公寓管理规定，擅自在宿舍内用酒精炉做饭。在添加酒精时发生意外燃爆，导致同宿舍的另一名同学烧成重伤，医疗费高达两万余元。这起事故给自己和他人精神与身体上造成很大的伤害。

思考讨论

1. 该宿舍女生在日常校园生活中犯了哪些错误？
2. 火灾发生时应如何正确灭火、逃生？

一、火灾的四个发展时期

1. 火灾初起期

火势会因室内氧气减少而自动减弱。这段时间的长短，随建筑物结构及空间大小而不同。如初起期未能灭火，火势将因门窗玻璃或其他薄弱部分的破坏，得到新鲜空气的补充而变大。

2. 火灾成长期

随着新鲜空气通道的形成，火势急剧加强，室内温度迅速升高。当火势达到一定程度时，会在一瞬间形成一团大的火焰。火势出现闪烁时人就很难生存了，所以火灾成长期的长短是决定人员避难时间的重要因素。

3. 火灾最盛期

从火势出现闪烁开始，火灾最猛烈，持续高温达 600~800℃。这段时间的长短和温度高低，取决于建筑物的耐火等级。

4. 火灾衰减期

火灾最盛期过后，火势衰减，室内温度下降，烟雾消散。仅地上堆积物的焚烧残迹在微微燃烧，火灾渐趋平息。

由于火灾有着如上的发展过程，因此人们可以争取时间，尽快把火灾扑灭在初起期。

【5-5 火灾自救的黄金时间】

二、几种常用的灭火方法

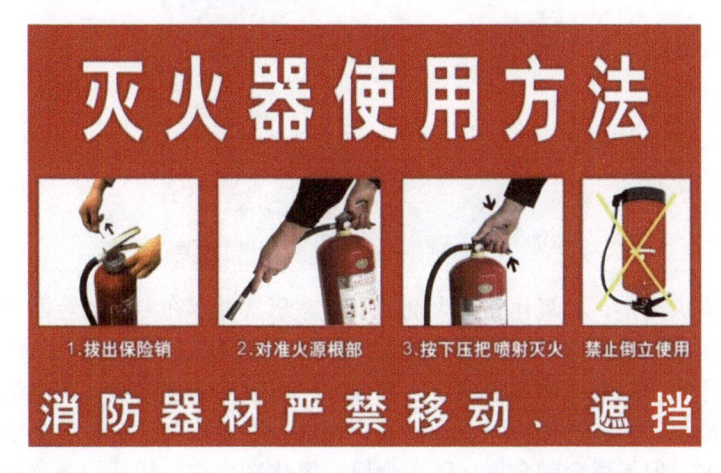

人类在同火灾的斗争中积累了许多宝贵的经验，这些经验越来越多地为人们所认识，也越来越多地发挥着重要作用。灭火就是设法打破可燃物质、助燃物质和着火源三者之间的必然联系。随着科技的进步，人们在经验积累的基础上，通过对火的进一步研究，形成了许多灭火理论和高效灭火方法，这为灭火工作提供了诸多便利条件。

（1）冷却灭火法：是将灭火剂直接喷洒到燃烧物上，使可燃物的温度降低到自燃点以下，从而使燃烧停止的方法。水和二氧化碳是常用冷却灭火剂，水和液态二氧化碳可大量吸收燃烧热，使燃烧物温度迅速降低，达到灭火的目的。这种方法也常被采用在平时的防火工作中。如控制可燃物的存放环境温度到自燃点以下，使可燃物不致发生燃烧等。

（2）隔离法：是将燃烧物与附近的可燃物隔离，将其他可燃物疏散到安全地带，控制火势蔓延的方法。这种方法适宜于扑救任何的固体、液体、气体火灾。如灭火时迅速将没有燃烧的物资转移到安全地带；关闭输送可燃气体或液体的管道阀门或设备，阻止可燃气体或液体进入燃烧区；将燃料通过阀门和管道转移到安全的储罐中；拆除临近建筑物等。

（3）窒息法：采取适当的措施，阻止空气进入燃烧区或用惰性气体冲淡、稀释空气中的含氧量，使燃烧物质因缺氧而熄灭的方法。这种方法适用于扑救封闭式空间、生产设备装置及容器内的火灾。如平时灭火时采取的用石棉被、湿麻袋、沙土、泡沫灭火剂覆盖在燃烧物上灭火，使用的就是窒息法。

（4）抑制法：是将化学灭火剂喷入燃烧区参与燃烧反应，终止燃烧的链反应而使燃烧物停止燃烧的方法。这种方法采用最多的有干粉灭火剂和卤代烷灭火剂。

三、常用的几种灭火剂

（1）水。水是采用最广泛的灭火剂，大多数火灾都可以用水扑灭，它也是民间灭火采用最多的灭火剂。水作为灭火剂的最大特点是廉价、广泛，因而使用相当普遍。在具体的灭火工作中，水作为灭火剂，可以大量吸收物质燃烧热，从而降低燃烧物的温度，最终使燃烧终止。采用雾状水流还可稀释火场空气的浓度，也可以有效地扑救粉尘火灾。但应特别注意，水灭火剂不能扑救遇湿发生燃烧和爆炸的燃烧物，如碱金属、碱土金属等；也不能扑救带电物质、非溶性物质（如石油）、浓强酸类物质及贵重、精密仪器、图书的火灾。

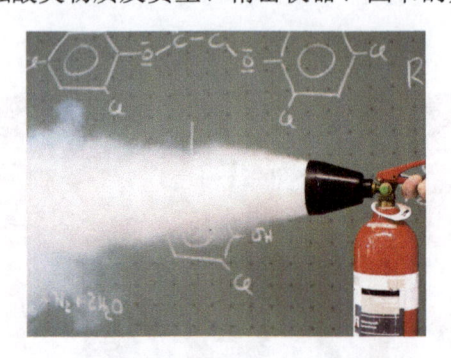

【5-6 消火栓使用方式】

（2）二氧化碳灭火剂。二氧化碳灭火剂常以液态形式储存在专用的容器（称为二氧化碳灭火器）中。一方面，二氧化碳以液态形式储存释放时可大量吸收燃烧热，从而达到终止物质燃烧的目的；另一方面，二氧化碳是很稳定的气体，它可以充分稀释空气中的氧含量，使燃烧窒息。它挥发后不遗留任何残留物，而且不具有导电性，因而特别适合扑救高压下的电气火灾和精密仪器设备火灾，但不适合碱金属、碱土金属、氢化物火灾。需特别注意的是，使用二氧化碳灭火器时，一定不要用身体的任何部位接触灭火器喷管的金属部位，以防冻伤。当火场上释放的二氧化碳超过一定浓度时，还会使人呼吸困难，甚至使人窒息，所以要特别提防。

（3）干粉灭火剂。这种灭火剂采用超微的化学物质粉剂，作用于燃烧物上，可断裂燃烧的链反应而使燃烧终止。它的种类也较多，如碳酸铵盐干粉灭火剂、磷酸铵盐干粉灭火剂等。这种灭火剂的使用范围较广泛，但不适合扑救木材、轻金属、碱土金属和各种精密仪器设备的火灾。

【5-7 干粉灭火器使用方法】

第四节　灭火救助

📝 导入

2008年5月5日，中央民族大学28号楼6层S0601女生宿舍发生火灾，楼内弥漫浓烟，6层的能见度不足10米。着火宿舍楼可容纳学生3000余人，火灾发生时大部分学生都在楼内，所幸消防员及时赶到，千名学生被紧急疏散，没有造成人员伤亡。

宿舍最初起火部位为物品摆放架上的接线板，当时该接线板插着两台可充电台灯，以及引出的另一接线板。因用电器插头连接不规范，且长时间充电造成电器线路发生短路，火花引燃附近的布帘等可燃物，向上蔓延造成火灾。

事发后校方在该宿舍楼检查，发现1300余件违规使用的电器，其中最易引发火灾的"热得快"有30件。

思考讨论
1. 如遇火灾你应怎么办？
2. 怎样安全有效灭火？

一、及时报警

《中华人民共和国消防法》第32条第1款规定："任何人发现火灾时，都应当立即报警。任何单位、个人都应当无偿为报警提供便利，不得阻拦报警。严禁谎报火警。"发现火灾立即报警，有着重要的意义。受警单位和部门可及时组织人员、物资进行抢险，有效控制火势蔓延，减少公私财产和人员伤亡损失。

【5-8 火灾扑救及自救】

"报警早，损失小"已成为人们广泛熟知的常识。由于错误估计自己的灭火能力、怕追究责任或影响声誉、不会报警、惊慌失措忘记报警及错误认为消防队灭火要钱等种种原因，导致人们不能准确、及时报警，贻误时机，使许多小火灾变成了大火灾，教训极为惨痛。所以无论火灾大小，都要及时报警，不应存在任何侥幸心理。除了准确掌握报警时机，还要准确掌握报警方法。

（1）发现火警，应准确拨打消防报警电话。一般火警，向保卫处和学校办公室报告。如果火势较大，蔓延迅速，预计难以控制，可能造成较大危害，可就地拨打"119"向公安消防部门报警。

（2）详细反映火警情况。报警时应说明发生火警的单位与地点、着火物种类、现场有无易燃易爆危险物品、烟雾火光火势大小、现场及周边的供水条件、报警人姓名、职务、职称、工作单位、联系电话等基本要素。

（3）报警后，要派人在有关的路口等待，接应消防车辆和人员顺利赶往现场。

（4）向有关部门报警后，还应向周围人员报警，呼吁周边人员一同采取有效措施灭火。

二、组织扑救

一旦发生火灾，采取有效灭火方法是战胜火灾的法宝。应明确掌握三个原则：救人第一和集中兵力于火场主要方面；先控制火势、后消灭火灾；先重点、后一般。这三个原则是根据火灾特点，分析火场元素的轻重缓急得出的科学结论。根据灭火三原则，应采取以下扑救组织工作：

（1）先报警，并向周围人员发出火警信号。

（2）就地取材，立即使用火场及附近的灭火器具进行灭火，利用初起火灾的不稳定性，力争将火灾消灭在初起阶段。

（3）若有多名人员，应立即组织扑救分工，分头抢险。

（4）如有老弱病残人员和贵重物资，首先要疏散到安全地带。

（5）如有火场指挥，一定要服从命令。

（6）不莽撞行事，要特别注意安全。
（7）消防人员一到，立即移交指挥权，并做好消防人员交办的各项工作。

三、逃生与自救

生命，是最为宝贵的，火场上必须采取一切措施保护人员的生命安全。身处火场，保护生命安全，是人的本能，但逃生无术，往往使人身临绝境，造成伤亡。所以，遇到火灾发生，除消防人员设法营救外，还要设法自救。

（1）火灾袭来时要迅速逃生，不要贪恋财物。
（2）家庭成员平时就要了解掌握火灾逃生的基本方法，熟悉几条逃生路线。
（3）受到火势威胁时，要当机立断披上浸湿的衣物、被褥等向安全出口方向冲出去。
（4）炉灶附近不放置可燃易燃物品，炉灰完全熄灭后再倾倒，草垛要远离房屋。穿过浓烟逃生时，要尽量使身体贴近地面，并用湿毛巾捂住口鼻。
（5）身上着火，千万不要奔跑，可就地打滚或用厚重的衣物压灭火苗。
（6）遇火灾不可乘坐电梯，要向安全出口方向逃生。

（7）室外着火，门已发烫，千万不要开门，以防大火蹿入室内，要用浸湿的被褥、衣物等堵塞门窗缝，并泼水降温。
（8）若所在逃生线路被大火封锁，要立即退回室内，用打手电筒、挥舞衣物、呼叫等方式向窗外发送求救信号，等待救援。

火灾时，人们有以下5种心理：一是没有充分的心理准备，一旦起火，大都表现出惊慌失措，过度紧张，或丧失正常的思维和判断能力，行动上易产生盲目性；二是容易从熟悉的通道逃生，很少利用不熟悉的通道逃生；三是恐惧心理加剧，火灾往往伴随停电，黑暗易使人往哪怕只有一丝光亮的明处躲避；四是强烈的求生欲望，使人处于绝境时，做出平时想都不敢想的行为，如高层跳楼等；五是盲目求同心理，起火后，一人奔跑，不管正确与否，其他人也紧紧跟随；有的火灾火势蔓延速度相当快，同时产生大量的烟雾和有毒气体，上述5种心理，很容易使人错失良机，坐以待毙。采取正确行动，赢得时间，是安全逃生的自救之路。

一旦遇到火灾，发现或意识到自己可能被烟火围困，生命安全受到威胁，要立即放弃手中的工作，争分夺秒，设法脱险。

（一）火场逃生方法

（1）身处火场，要保持冷静，尽量迅速观察、判断火势情况，明确自己所处环境的危险程度，迅速查明疏散通道是否被烟火封堵，针对火情，做出正确判断，选择最佳的逃生路线和方法。

（2）如逃生必经路线充满烟雾，要用湿毛巾或衣物捂住口鼻，防止或减少吸入有毒烟气，并低姿势或匍匐前进。

（3）选择逃生路线，应根据火势情况，优先选用最简便、最安全的通道。如楼层起火时，先选用安全疏散楼梯、室外疏散楼梯、普通楼梯等，如果这些通道已被烟火切断，再考虑利用楼顶窗口、阳台和落水管、避雷线等脱险。

（4）有时，楼梯虽然已着火，但火势不大，这时可用湿棉被、毯子等披裹在身上，从火中冲过去，虽然人可能受点轻伤，但可避免生命危险。在这种情况下，要早下决心，不要犹豫不决，否则，火越烧越大，就会失去逃生的机会。

（5）如果楼梯烧断，则可以通过房屋上的窗口、阳台、落水管或利用竹竿等逃生。一旦各种通道都被切断，火势较大，一时又无人救援，可以关闭通往着火区的门窗，退到未着火的房间，用湿棉被、毛毯、衣物等将门窗缝隙封堵，防止烟雾窜入。有条件时，要不断向门窗上泼水降温，延缓火势蔓延，等待救援。如果烟雾太浓，可用湿毛巾等捂住口鼻，并尽量避免大声呼叫，防止烟气中毒。火场上人声嘈杂，能见度差，叫喊时楼下人不一定听得到，可以用打手电筒、抛出小东西等方法发出求救信号。

（6）如果正常通道均被烟火切断，其他方法都无效，火势又逼近，也不要仓促跳楼，有可能的话，先在室内牢固的物体上拴上绳子，如无绳子也可用撕开的被单连接起来，然后，顺着绳子或布条往下滑，下到安全楼层或地面上。但必须保证安全系数和绳子或布条有足够的长度。

（7）如果时间来不及，需要跳楼时，可先往地上抛一些棉被、床垫等柔软物品，以增加缓冲，且应注意不要站在窗台上往下跳，可用手扒住窗台或阳台，身体下垂，自然落下，这样，既可保证双脚先着地，又能缩短高度。

（8）对被火包围的小孩、老人、病人要及时抢救，可用被子、毛毯等包扎好，再用绳子、布条等吊下去，争取尽快脱险。

（二）人身上着火的处理办法

发生火灾时，如果身上着火，千万不能奔跑。因为奔跑时会形成一小股风，大量新鲜空气冲到着火人的身上，就像是给炉子扇风一样，火会越烧越旺。着火的人乱跑，还会把火种带到其他场所，引燃新的燃烧物。

身上着火，一般总是先烧衣服、帽子，这时最重要的是先设法把衣、帽脱掉，如果一时来不及，可把衣服撕碎扔掉。脱去了衣、帽，身上的火也就灭了。衣服在身上烧，不仅会使人被烧伤，而且还会给以后的抢救治疗增加困难。如化纤服装，受高温熔融后与皮肉黏连，且还有一定的毒性，会使伤势恶化。

身上着火，如果来不及脱衣，也可卧倒在地上打滚，把身上的火苗压熄。倘若有其他人在场，可让其他人用麻袋、毯子等包裹着火人，把火扑灭，或者向着火人身上浇水，或者帮助将烧着的衣服撕下。但是，切不可用灭火器直接对着人身上喷射。因为，多数灭火器内所装的药剂会引起烧伤者的创口产生感染。

如果身上火势较大，来不及脱衣服，旁边又没有其他人协助灭火，附近有水池、河流时，可直接跳入其中灭火。虽然这样做可能对后来的烧伤治疗不利，但是，至少可以减轻烧伤程度和面积。但不会游泳、不懂水性的人注意不要这样做。

四、火灾时人员疏散

（一）疏散人员的基本要求

（1）正确通报，防止混乱。在遇险人员还不知道发生火灾，而且人数多、疏散条件差的情况下，义务消防队员应首先通知处于出口附近或最不利点的人员，让他们先疏散出去。然后再逐步扩大范围，使大部分人员安全疏散后，可视情况公开通报其他人员。如火势猛烈，且疏散条件较好时，亦可同时公开通报，但必须注意方法，防止发生混乱。

（2）创造条件，疏导掩护。起火后，义务消防队员在发出火警通报的同时，要设法将所有的逃生通道和照明设施打开。通道较少时，可组织人员利用窗口、打洞等方法，开辟新的疏散通道。由于人们急于逃生的心理作用，起

火后可能会一起拥向有明显标志的出口，造成拥挤混乱。义务消防队员要设法引导，为人们指明其他疏散通道；同时要以镇定的语气不断呼喊，消除人们猝然遇险后产生的恐慌心理，使人们有条不紊地安全疏散。

（3）在火势较大，直接威胁人员安全，影响疏散或可能造成建筑物倒塌时，义务消防队员要利用水枪等灭火器材，全力堵截火势发展，掩护被困人员疏散。如人员较多，聚集在出口时，要派人疏导，向外拖拉。有人跌倒时，还要设法阻止人流，迅速扶起摔倒人员，防止出现踩踏伤亡事故。

（二）安全疏散时的注意事项

（1）睡觉时被烟雾呛醒，应迅速下床匍匐爬到门口，把门打开一道缝，看门外是否有烟火，若烟火封门，千万别出去！应立即改走其他出口。通过其他房间后，将门窗关上，这样可以起到阻隔烟火、延缓火势蔓延的作用。

（2）不要为了抢救家中的贵重物品而冒险返回正在燃烧的房间，这样很容易陷入火海。从睡梦中惊醒后，不要等穿好了衣服才往外跑，此刻时间就是生命。

（3）当人们被烟火围困在屋内时，应用水浸湿毯子或被褥，将其披在身上，尤其要包好头部，最好能用湿毛巾或湿布蒙住口鼻，搞好防护措施再向外冲，这样受伤的可能性要小得多。

（4）向外冲时，假如人们的衣服着火，应及时倒地打滚，用身体将火压熄。如果衣服着火者只顾惊慌奔跑，别人应将其扑倒，用大衣、被子、毛毯等覆盖他的身体，使火熄灭。

五、燃烧产物及烟雾对人体的危害

任何物质的燃烧，都会生成燃烧产物。由于物质的种类繁多，因而燃烧产物也不尽相同。分析燃烧产物的成分，对我们有极大的帮助。物质燃烧时生成的气体、蒸汽和固体物质，称为燃烧产物。有的燃烧产物对人体无害，而大多数的燃烧产物则对人体有一定的伤害。如二氧化碳，对人体的伤害很小，但它的浓度达到一定的数值后，可以使人窒息；其他的产物如二氧化硫等则对人产生直接的伤害。所以，在火场中，应尽量了解是什么物质在燃烧，燃烧有可能产生哪些产物，以便有针对性地采取预防措施。一般可采用眼看、鼻闻等直接的方法来判断，大部分对人体有危害的产物都带有刺激性的气味，有比较浓厚的烟雾。通过烟雾的颜色有时可准确地判断有害气体的成分和含量。

烟雾伴随燃烧同时产生，弥漫于空气中，常常对火场中人员的眼膜、呼吸道等造成强烈的刺激，并且导致窒息。大量的数据表明，很多人员伤亡，并不是由火直接伤害导致的，而是由火场上的有毒烟雾所致的。很多人不具备这些常识，因此成为火灾无辜的牺牲品，很是遗憾。

身处火场，要特别提高警惕，有条件的应带好防毒器具，无条件的应就地取材，把毛巾、口罩或其他布料用水浸湿捂住口鼻，减少有毒气体的吸入。若有风镜也应带好，以保护眼睛。这样，能有效避免人员的无辜伤亡。

六、火场救人的方法

在火场救人，十分危险，需要掌握专门知识及特别装备，一般来说应该让消防员担负这种工作。

但倘若有人被困或遭浓烟呛晕而必须相救，就要注意两点：避免受伤；迅速行动。先别替伤者护理伤势，应迅速救他离开火场。

如果火势太猛或大楼快要倒塌，切勿冒险进入。

假如毒烟弥漫火场，切勿入内。有些家具燃烧时会产生致命的气体，应等待消防员带防毒的呼吸装备前来援救。

进火场前，把绳子一端拴在腰间，另一端叫人在外面拿着。万一迷失方向，可凭绳子循原路走出火场；即使被烟雾呛晕，外面的人也可以将其拖离火场。先与火场外的人取得默契，例如，预先说好自己会一直轻轻拉紧绳子；绳子一软下来，他们就应拖自己出火场。用湿手帕掩住口、鼻，或戴上口罩，以抵挡浓烟，但无法防止吸进有毒气体。

如有湿毛毯或大衣，搭在肩上或拿着带进火场去，可用来包裹伤者。

进入火场时，每开一道门，先用手背触碰门把手，假如烫手，切勿进入。若门把手不烫手，开门时应紧握门把手，以免房内的热气流把门冲合上或把人冲开。假如门是向外开的，应用脚顶住门，以免它突然弹关。若逃生去路快要被截断，切勿继续前行。深呼吸几下，打开一道门缝，先让热空气散掉，然后进去。

进入浓烟密布的房间时，身体尽量俯屈靠近地面，必要时匍匐前行。找到伤者时，迅速带到安全地点，脱离险境后才可施行急救。

小　　结

本章通过案例分析、讨论总结等方式介绍了消防安全知识，包括常见火灾类型、校园火灾预防、火灾逃生等及需要注意的安全事项。

自我拓展练习

【5-9 上海商学院火灾】

2008年11月14日早晨6时10分左右，上海商学院徐汇校区一学生宿舍楼发生火灾，4名女生从6楼宿舍阳台跳下逃生，当场死亡，酿成近年来最为惨烈的校园事故。宿舍火灾初步判断缘起于宿舍里使用"热得快"导致电器故障并将周围可燃物引燃。

火灾都是因为个别学生违章用火用电器而引发的，给其他住宿学生造成了重大影响。学生宿舍是一个集体场所，是一个人口密度极大的聚居地，任何一场火灾都可能造成重大后果，带来无可挽回的财产损失和人身伤害。为了住宿同学的生命财产安全，宿舍内严禁使用违章电器、劣质电器、非安全电器器具、无3C认证产品及其他危害公共安全、不适宜在集体宿舍内使用的大功率电器设备。

思考讨论

1. 如何避免引发校园火灾？
2. 火灾逃生的技巧有哪些？

第六章 出行安全——遵纪守法，文明出行

导读

　　交通的迅速发展给生活和社会发展带来了诸多好处，提高了人们的出行效率和社会生产力，但是不注重出行安全也会给我们带来巨大的安全隐患。

　　安全和法律意识淡薄，如违法乱闯红灯、横穿马路、超速行驶、无证驾驶等是导致出行事故，尤其是恶性交通事故的主要原因。因此，我们要高度重视出行安全，树立交通法律意识，站在对自己、对他人生命负责的高度，自觉遵守交通规则并维护出行安全。

学习目标

　　知识与技能目标：了解日常出行的安全常识，掌握有关交通安全的法律法规；能够深刻认识到安全出行的重要性。

　　过程与方法目标：增强安全意识，提高遵守交通法规的自觉性。

　　情感、态度与价值观目标：能够自觉遵守出行交通规则，增强出行安全意识。

　　学习重点：了解日常出行的安全常识，自觉遵守出行交通规则。

　　学习难点：有效预防、避免甚至遏制安全出行事故的发生。

第一节　行人交通安全

导入

　　案例1.放学时间，在学校门口家长止步线之内，一名小学生没有注意过往的车辆直接扑

向自己的妈妈……

  案例 2.城市中很多马路上都设置了护栏或绿化带，一名路人正在直接横穿有护栏或绿化带的马路……

【思考讨论】

  案例 1 中，你能想象一下这名小学生可能会面临什么样的后果吗？

  案例 2 中，这名路人会遇到怎样的危险？

  在众多的交通事故中，悲剧的产生往往由于行人不遵守交通规则所导致。实际上基本的交通规则如"红灯停，绿灯行""不能翻越护栏"等规则人人皆知，但是许多人往往由于交通规则意识淡薄而最终导致悲剧产生。

  在交通规则中，虽然要求礼让行人，街道上也可以看到礼让行人的标志，但这并不意味着行人可以为所欲为，故意做出闯红灯、横穿马路等违法行为。对于行人常见的交通安全事故，主要有以下几种。

一、行人闯红灯

  最常见的行人违规就是闯红灯。闯红灯是指行人违反交通信号灯指示，在红灯亮起禁止通行时越过停止线并继续通行的行为。无论何种原因，闯红灯都存在着严重的安全隐患，所以闯红灯都属于违法行为，会依法受到处罚。随着智能监摄技术的发展，路口安装的摄像头可以有效监控行人的闯红灯行为，并进行人脸识别，起到警示和处罚作用。所以，我们需要谨记和遵循"红灯停，绿灯行，黄灯亮了等一等"的交通安全法则。

二、行人横穿马路

  道路上一般都会设置斑马线，即人行横道，用来方便人们安全有效地横穿马路。通过斑马线的机动车，要减速并小心通过，并注意避让行人。横穿马路则是指行人不走斑马线，为了方便而不遵守交通规则，直接穿过马路。因此，为了自身安全，不要抱有侥幸心理，禁止横穿马路或者翻越护栏等。

第六章 出行安全——遵纪守法，文明出行

　　行人要自觉遵守交通法规，不要存在凑齐一拨人闯红灯过马路、恶意占用马路拍照或者去公路上暴走、野跑、锻炼、追逐打闹等行为。尽可能降低交通风险，遵守交通安全秩序，提高道路通行效率。

三、电梯故障

电梯极大方便了我们的生活，但也存在一定的故障隐患。常见的电梯故障主要有以下三种：

一是电梯突然停止运行；

二是电梯失去控制急速下坠；

三是电梯突然失去控制急速上升。

在乘坐电梯时，要注意文明安全，不要用手或身体强行阻止电梯门开合。不要在电梯内蹦跳，不要对电梯使用粗暴行为，如用脚踹轿厢四壁或用工具击打等。不得在电梯里吸烟，电梯对烟雾有一定的识别功能，电梯里吸烟很可能会让电梯误以为着火而自动上锁，导致人员被困。

在乘坐电梯时应注意电梯安全，并掌握相关自救方法。一旦发生电梯故障要保持镇定，可尝试持续按开门按钮，并通过电梯内对讲机或者手机拨打电梯维修单位服务电话，或者大声呼救向外界传递被困信息。

若电梯突然下坠，可从下至上把每一层按键都按下，选择一个不靠门的角落，膝盖弯曲，身体呈半蹲姿势，尽量保持平衡。

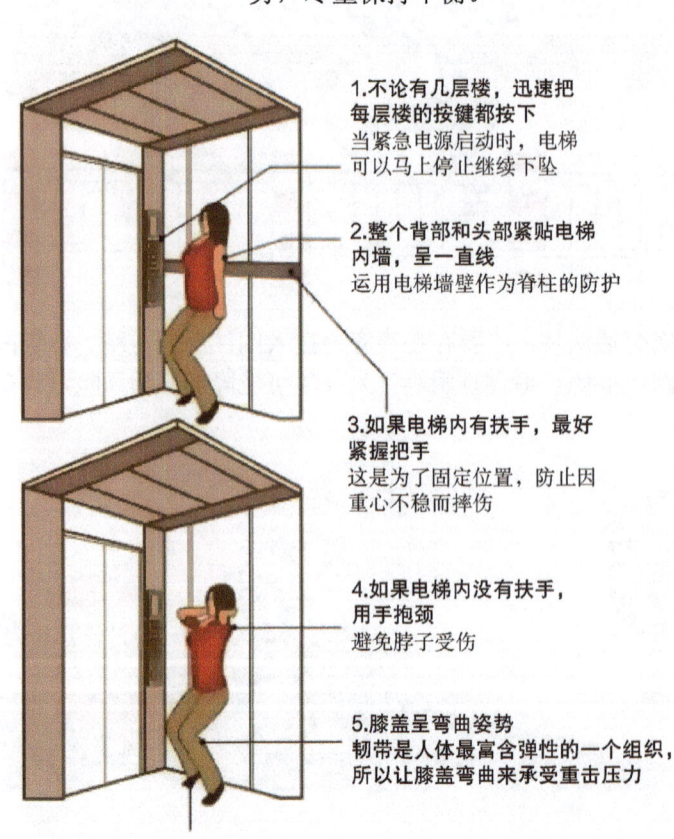

【视频 6-1 电梯惊魂，这些知识教你化险为夷！】

1. 不论有几层楼，迅速把每层楼的按键都按下
当紧急电源启动时，电梯可以马上停止继续下坠

2. 整个背部和头部紧贴电梯内墙，呈一直线
运用电梯墙壁作为脊柱的防护

3. 如果电梯内有扶手，最好紧握把手
这是为了固定位置，防止因重心不稳而摔伤

4. 如果电梯内没有扶手，用手抱颈
避免脖子受伤

5. 膝盖呈弯曲姿势
韧带是人体最富含弹性的一个组织，所以让膝盖弯曲来承受重击压力

第二节　乘坐公共交通工具安全

导入

节假日时，某高校一对大学生情侣乘坐一辆"黑车"外出。该车行驶没多久迎面驶来一辆速度飞快的面包车，"黑车"司机为了避让，猛打方向盘，强大的惯性将男生甩出车外，该同学后脑着地，身受重伤，历经两年的治疗，花费近50万元，仍处于"植物人"状态，"黑车"司机在女同学救护男同学时逃之夭夭。报案后，女生无法准确描述"黑车"司机的长相，更提供不出"黑车"的车牌号码，因此本案一直查无线索，无法索赔，其结局令人悲痛。

【思考讨论】
你如何看待乘坐"黑车"出行？如何才能避免类似安全事故的发生？

现代交通工具日益多样化，例如汽车、轮船、地铁和飞机等，极大地丰富了人们的出行方式。在日常生活中，交通工具占据着越来越重要的地位，发挥着越来越大的作用。然而，每年因为交通事故造成的人员伤亡损失惨重，对个人和国家都造成了巨大的影响。我们在乘坐公共交通工具时，必须要牢固掌握基本的安全常识。

一、常见公共交通工具

（一）公共汽车

乘坐公交车时要在站亭或指定的地点依次候车，待车靠边停稳后，按秩序上下车。在车辆行驶过程中，不要将身体例如手臂等伸出车外，避免发生身体损伤，同时在车中抓好扶手，避免瞌睡，汽车在行驶中起步、刹车、加减速时，极易发生意外。乘坐公共交通工具时，要注意个人文明行为，要爱护车厢内卫生，禁止吸烟，不朝窗外乱扔杂物，以免伤及过往车辆和行人，要注意个人财产安全，看好个人物品。

出租车是常见的公共交通工具之一，尤其伴随网络信息发展，产生许多网络约车出行形式。乘坐此类交通工具要注重个人隐私和安全，尤其是夜间出行，可将车牌号发给亲友并保持联系，以免出现意外。

【视频6-2 客车事故如何逃生，牢记这些救命知识】

案例分析

网络约车案件

2017年最高法院发布的一项统计数据显示，全国各级人民法院一审审结的被告人为网络约车司机且在提供服务过程中实施犯罪的案件量不足20件,约4成涉故意伤害罪。相比之下,传统出租车司机发案量更高,多达170余件。

《网络约车与传统出租车服务过程中犯罪情况》显示,2017年,网络约车司机每万人案发率为0.048,其中,77.78%案例的侵害对象为乘客。排名靠前的罪名分别为:故意伤害罪(38.89%),交通肇事罪(16.67%),强奸罪和强制猥亵罪(16.67%)。

数据显示,在提供服务过程中,由网络约车司机实施犯罪的案件,61.11%的案件为网约车司机临时起意。犯罪的时间段为夜间的,占比50%。

2018年起,交通部、中央网信办、公安部等陆续下发了《网络预约出租汽车监管信息交互平台运行管理办法》《关于加强网络预约出租汽车行业事中事后联合监管有关工作的通知》等,加强对网约车的监督和整改。各平台公司也继续强化企业安全生产主体责任落实,结合发展新形势,把安全整改的成效制度化、标准化,进一步完善企业制度和安全生产的长效机制。

【思考讨论】
你是否经常选择"网约车"出行方式?谈谈你对网约车的看法和评价。

(二)飞机

航空飞机出行一般是比较安全的,但是安全问题并不能忽视。乘坐飞机时,应遵循以下安全常识:

- 登机时自觉接受安全检查,随身携带的物品中,不得夹带禁运、违法和危险物品,包括易燃物、易爆物、腐蚀物、有毒物、放射性物品、可聚合物质、磁性物质及其他违禁品,按照顺序登机和下机。
- 进入机舱内对号入座,听从机组工作人员安排,系好安全带,不要随意更换座位。
- 认真阅读飞机上的安全须知,了解机上的安全设施、设备及其位置,弄清所在位置到安全出口的路线和距离。
- 在飞机起飞和飞行过程中,禁止使用电子电器设备(包括移动电话、寻呼机、游戏机、手提电脑、调频调幅收音机等),禁止吸烟。

（三）火车

铁路是国家的基础设施，是国民经济的大动脉。高速铁路迅猛发展，深刻影响着人们的出行方式。在乘坐火车出行时，要注意以下事项：在站台候车时，要站在安全白线内，防止来往列车行驶，将人卷入站台等危险情况发生；禁止携带易燃易爆等危险品，旅途中，尤其夜间乘车时，注意保管好个人贵重物品。

（四）轮船

乘坐轮船等水上交通工具时，不要嬉戏、打闹，不要靠近船舷，不要将身体伸出船只外，更不要随意攀爬；注意不要将法律明令限制运输的物品携带上船，例如，臭味、恶腥味的物品，不能损坏、污染船舶和妨碍其他旅客的物品。

（五）地铁

现在大城市的交通十分拥挤，因此地铁开始在各大城市中逐渐盛行。作为一种城市较新的交通工具，地铁以其快捷的速度为广大乘客提供着便利。

乘坐地铁时，要留意车站及列车导向标志；留意车站通告及广播，并遵守指示；在安全线以外候车，先下后上，上下车时不要拥挤；给老弱病残孕及其他有需要的乘客让座。在乘坐地铁时，不要吸烟、奔跑、嬉戏、翻越闸机和栏杆；不得携带过大的物件或货物、宠物及其他禽畜或危险类物品。

二、乘坐公共交通工具注意事项

（一）不得携带易燃易爆等危险品

根据《治安管理处罚法》《危险化学品安全管理条例》等法律法规的有关规定，广大公民在乘坐公共交通工具时应当自觉维护公共安全，主动配合接受安全检查。公民发现他人携带易燃易爆、腐蚀性危险品及管制刀具等危险器具乘坐公共交通工具的，应主动劝阻，劝阻无效的，应立即报告工作人员或公安机关。

📝 **资料链接**

易燃易爆等危险品

易燃易爆等危险品（下表）是指具有燃烧、爆炸、腐蚀、毒害、放射性等性质，在生产、储存、装卸、运输、使用过程中，能引起燃烧、爆炸、毒害等后果，致使人身伤亡、国家和人民群众的财产受到损毁的物品。

种类	易燃品
易燃固体	硫磺
易燃液体	汽油、煤油、松节油、油漆等
易燃气体	液化石油气
自燃物品	黄磷、油纸、油布及其制品
遇水燃烧物品	金属钠、铝粉、氧化剂和有机过氧化物
易爆物	民用爆炸物，如火药、炸药、弹药等

（二）不得向车外抛洒物品

在机动车行驶过程中向外抛洒物品容易扰乱后面行驶的机动车驾驶人的视线，产生安全隐患，甚至造成交通事故。因此，乘客在乘车过程中，要形成良好的乘车习惯，文明乘车，遵守社会公德，不得向车外抛洒物品。

知识链接

车窗抛物的危害性

一辆时速 120 千米、1.5 吨重的家用车，如果前挡风玻璃碰撞到苹果这样的物体，就接近于小口径手枪子弹的冲击力，后果相当可怕。

如果扔出的是塑料袋、报纸等轻飘物品，可能会挡住别人行车视线，造成方向不稳或下意识急刹车，甚至可能导致刮擦或追尾等交通事故。若丢出的是水果皮等物品，行人踩到会滑倒，摩托车或电动车碾到也可能会摔倒。

向车窗外故意抛物不仅丢出去的是个人素质，也会因不当行为受到法律惩罚。依据《中华人民共和国道路交通安全法》(以下简称《道路交通安全法》)规定，乘车人不得携带易燃易爆等危险物品，不得向车外抛洒物品，不得有影响驾驶人安全驾驶的行为。《中华人民共和国道路交通安全法实施条例》规定，驾驶机动车不得向道路上抛洒物品。同时规定，违反本条例规定的行为，依照《道路交通安全法》和本条例的规定处罚。

（三）不得有将身体探出车外的危险动作

乘车人不得将自己身体的任何部分探出车外，此动作容易造成不必要的损害，特别是在高速行驶的机动车道上，相邻车道的机动车彼此之间距离较近，若将身体探出车外，容易导致受伤。

（四）不得与驾驶人进行妨碍安全驾驶的交谈

机动车驾驶员在车辆行驶中要保持精神高度集中，否则对突发性事件难以及时做出处理。因此，在机动车行驶过程中不得干扰驾驶人的注意力，或者做出危险行为故意干扰正常行驶。但在某些情况下，乘坐人与驾驶人交谈又非常必要，如帮助驾驶人认路和观察交通标志、标线等，在长途行车时适度说话有利于减少驾驶员的精神困顿。

📝 案例

重庆万州公交坠江案

2018年10月28日，重庆万州区22路公交车在万州长江二桥行驶时，与对向一辆轿车相撞后坠入几十米深的长江中，车内多名人员失联。事故发生后，也牵动着全国民众的心。11月2日10时许，官方发布了事故原因：一名女乘客与司机发生激烈争执互殴致车辆失控坠江。事件原因已经基本查清——由女乘客坐过站所引起。坐过站本身只是生活中的一件小事，然而这名女乘客却用激烈的方式处理，最终不仅触犯了刑法，还致使车上十余人不幸身亡……

讨论：这场悲剧的发生对你有什么启发？

（五）不得在车辆未停稳时上下车，或不依次上下车

上下机动车是乘车人必须注意的一个重要细节，如果上下车处理不好，很容易引发交通事故，特别是公共交通工具，车长人多，车辆未停稳上下车会产生一定的安全隐患。因此，乘车人应等待车辆停稳后，依次上下车，防止发生不必要的矛盾和事故。

第三节　驾驶非机动车交通安全

📝 导入

每年 9 月 22 日为"世界无车日",倡导人们绿色出行、低碳出行。低碳生活、绿色出行是生态、绿色、文明、健康的生活方式,是改善大气环境质量、减少交通拥堵、提升人们生活品质的重要举措之一,有利于美化环境,使生活更加健康,共建绿色家园。

讨论:谈谈你对"绿色出行"和"低碳出行"的认识。

现在很多人都会选择绿色环保的出行方式,如自行车、电动车等。这些出行方式不仅有利于身体健康,同时也为缓解道路交通压力做出了贡献。在驾驶非机动车辆时,要注重交通安全,维护正常交通秩序,努力创建畅通、有序、安全的交通出行环境。日常生活中,常见的非机动车有以下几种。

一、自行车

由于中小学生年龄较小、法律意识相对淡薄、对路况条件不熟悉等原因,他们骑自行车已经成为我国交通事故的一个高发点。因此,中学生需要认真学习安全知识,并做好交通安全防范。

第一,不要骑快车、追尾或超车等。青少年的赛车、山地车等比较多,在道路上容易出现车速过快、相互赶超等情况,进而容易导致恶性交通事故的发生。在骑车时,必须严格遵守交通规则,降低交通事故发生的概率。

第二,过马路时要下车,走人行横道。当车辆正在行驶或者疾速行驶时,骑车者应等车辆通过,并确

认自己安全后才能通过。在公路上骑车，千万不要抓住正在行驶的机动车或者紧跟在其后，以免因车速过快、不稳而摔倒，或因机动车突然刹车而被撞伤。

第三，骑车不慎将要跌倒时，要尽可能地做好防护。遇到意外时，迅速地把车子抛掉，人向另一边跌倒。此时，全身肌肉要绷紧，尽可能用身体的大部分面积与地面接触。注意不要用单手、单肩或单脚着地，以免造成严重的挫伤、脱臼或骨折等后果。

第四，做到"八不"：不打伞骑车；不脱手骑车；不骑车带人；不骑"病"车；不骑快车；不与机动车抢道；不平行骑车；不在恶劣天气下骑车。

案例

共享单车

共享单车采用一种分时租赁模式，也是一种新型绿色环保的出行方式，在建设绿色城市、低碳城市过程中做出了重要贡献。

共享单车解决了人们采用公共交通出行"最后一公里"的主要障碍，激发了人们健康绿色出行的热情。但是在使用共享单车过程中也存在许多问题，例如，使用者暴力拆锁、上私锁、记住开锁密码、破坏单车二维码等"单车私有化"现象和同行恶性竞争带来的恶意拆卸、丢弃单车现象在各地屡见不鲜。另外，共享单车停放乱占人行道现象和单车上路违反交通规则现象，严重影响了市容并妨碍市民正常的交通出行。

造成不规范使用共享单车的原因，一方面是一部分人的素质有待提升，另一方面是相应法律法规、管理条例和行为准则均有所欠缺。和谐可持续社会的建设，需要大家共同努力营造，不断提升自身道德素质，践行文明行为。

讨论：你是否有"绿色出行"的经历，请谈一下你对使用共享单车的认识和感受。

【视频6-3 电动车消防小知识】

二、电动车

电动车是以蓄电池作为辅助能源的绿色交通工具，符合国家节能环保趋势，大大方便了短途出行。它通过对能源的节省和环境的保护，在国民经济中起着重要的作用，也是目前常见和使用频率较高的个人短途出行交通方式。需重点强调的是，2021年11月1日起，只有悬挂号牌的合规电动自行车才可上路行驶，同时驾驶人员必须年满16周岁。

为有效减少电动车交通事故的发生,驾驶电动车出行时需要注意以下几点:

(1)驾驶人驾驶电动车在道路上行驶时,应当遵守国家相关道路交通安全法律、法规,不得有闯红灯、逆向、酒驾、上机动车道行驶、违法载人、单手驾车等交通违法行为。

(2)电动车要经常性地检查制动、转向及灯光(特别是车辆尾灯,完好的尾灯能有效预防夜间追尾交通事故)等车辆安全设施,并对出现的故障及时予以排除。

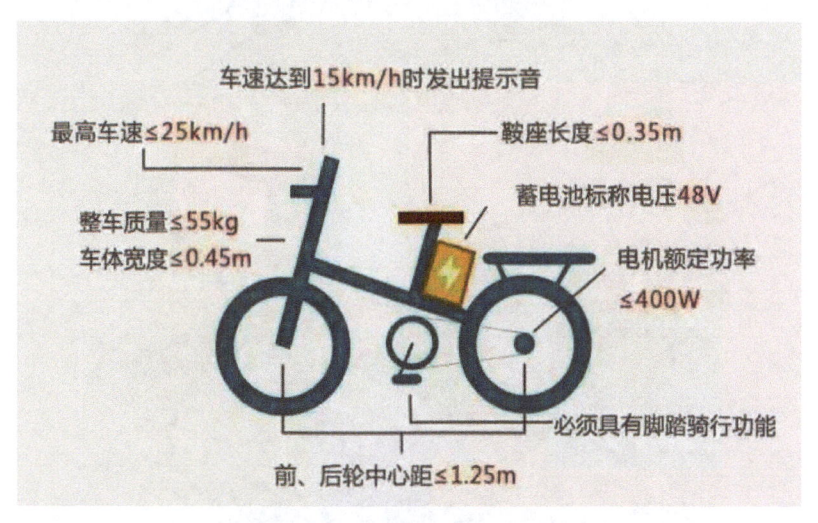

(3)电动车上路行驶一定要佩戴安全头盔,装备要齐全,保护好自己生命安全,检查刹车是否灵敏。

(4)电动车应当在非机动车道内行驶。在没有非机动车道的道路上,应当靠车行道的右侧行驶通行。

(5)驾驶电动车不得与周边的电动车驾驶人扶身并行、互相追逐或者曲折竞驶,同时还应当与前方或者相邻行驶的车辆保持安全距离。

（6）电动车载人，可以搭载一人。在城市道路上驾驶时只可搭载一名 12 周岁以下儿童，搭载 6 周岁以下儿童时应当使用固定座椅。达到驾驶自行车、电动车法定年龄的未成年人，在驾驶时不得载人。

第四节　驾驶机动车交通安全

✎ 导入

2018年12月23日，贵港市樟木镇附近路段发生了一起悲剧：凌晨时分，一名少年驾驶普通二轮摩托车搭载女友在路上"飙车"，因车速过快且驾驶技术不纯熟撞到路旁的树当场昏迷，送医后，少年因伤势过重抢救无效不幸离世，年仅15岁。

【思考讨论】

这名少年在整个驾车过程中犯了哪些错误？

机动车一般指在道路上行驶的，供乘用、运送物品或进行专项作业的车辆，包括汽车、挂车、摩托车、机动三轮车和运输用拖拉机及轮式专用机械车等，但不包括任何在轨道上运行的车辆。对于青少年来说，日常接触的机动车主要有摩托车、汽车等。

一、摩托车

对于很多青少年来说，他们都有自己的"机车梦"，希望尽兴驰骋在宽阔道路上。根据《道路交通安全法》，机动车驾驶员必须年满18周岁。因为目前大部分中学生均未满18周岁，所以他们是无法考取驾驶证的。摩托车作为一种高速行驶的交通工具，未成年人未经过专业的培训和交通法规的系统学习，极易发生交通事故并受到伤害。

【视频6-4 摩托车驾驶安全】

如果已年满18周岁，那么可以实现你的"机车梦"，但是关于驾驶摩托车的交通安全规定也必须了解并掌握到位。

（一）严禁无牌驾驶

《道路交通安全法》规定驾驶机动车上道路行驶，应当悬挂机动车号牌，放置检验合格标志、保险标志，并随车携带机动车行驶证。无牌摩托车未经车管部门安全监测，技术指标、安全性能极不可靠，可能存在安全隐患。许多无牌摩托车没有上保险或未被登记，一旦发生交通事故，驾驶员因逃避或侥幸心理，可能会采取逃逸方式躲避法律制裁。

（二）严禁无证驾驶

《道路交通安全法》第 19 条规定："驾驶机动车，应当依法取得机动车驾驶证，驾驶人应当按照驾驶证载明的准驾车型驾驶机动车。"

由于驾驶者大多没有经过系统的培训，对《道路交通安全法》一无所知，交通法制观念淡薄，交通安全意识差，因此在道路上行驶时横冲直撞、乱停乱放、随意调头，严重破坏道路交通秩序，严重危害道路交通安全。

（三）按期审验

《道路交通安全法》第 13 条规定："对登记上道路行驶的机动车，应当依照法律、法规的规定，根据车辆用途、载客载货数量、使用年限等不同情况，定期进行安全技术检验。"

不参加年度检验的车辆，安全性能很难保证，而且大多缺乏良好维护，安全技术性能下降，使之存在极其严重的交通安全隐患。

（四）需佩戴头盔

《道路交通安全法》第 51 条明确规定："机动车行驶时，驾驶人、乘坐人员应当按规定使用安全带，摩托车驾驶人及乘坐人员应当按规定戴安全头盔。"

📝 **资料链接**

在人体的各部分构造中，人的头部是最为脆弱的。摩托车稳定性能相对较差，安全性能较低，在高速行驶的过程中，一旦发生撞车，摩托车的乘坐人和驾驶人常常会被抛出。摩托车遭撞击后人的头部受伤有两种情况：一是前额被碰受伤，间接伤害后脑；二是后脑勺着地，直接伤及脑部。如果驾驶人员、乘坐人员采取必要的防护措施——佩戴安全头盔，许多悲剧是完全可以避免的。

（五）严禁超速行车

《道路交通安全法》第42条规定："机动车上道路行驶，不得超过限速标志标明的最高时速。在没有限速标志的路段，应当保持安全车速。"

《道路交通安全法》第99条规定："超过规定时速50%以上的，罚款200～2000元，可以并处吊销机动车驾驶证。"

俗话说"十次肇事九次快"，超速行驶视线受影响，容易判断不准路况，且反应突发情况能力和刹车距离受限，易发生追尾、侧翻等事故。

（六）禁止争道抢行和违法超车

有的驾驶员经常会争道抢行、违法超车，或者见缝插针，不顾及路况，横冲直撞，危险性极高。因为摩托车车身低，若摩托车驾驶员突然超越大车或发生变道等，极易进入视野盲区不易察觉，因此发生相撞事故。

📝 **案例**

2018年2月28日，民警在城关黎阳北路检查车辆时，发现一辆普通二轮摩托车沿城关黎阳北路由平街头往正阳桥方向行驶，民警通过靠边停车的手势示意该车辆靠边停车接受检查时，没想到该车辆看到交警后，不但没有减速慢行，靠边停车，反而将车辆拐上了人行道，不顾人行道上行人的安危，加速向前冲撞，企图强行闯关逃离现场。

据检查的民警描述，驾驶人是一个19岁左右的青少年，当时他们发现车辆上人行道后，车速较快，为消除安全隐患，只好到人行道上进行拦截，车辆被拦截后，驾驶员一下车拔腿就想跑，最终还是被执勤民警当场抓获。

经查，该驾驶员姓周，19岁，无有效机动车驾驶证，驾驶未登记注册的车辆，民警依法对周某无证驾驶、驾驶未上牌的车辆等交通违法行为进行了行政拘留等相应处罚。

二、汽车

随着我国经济水平显著提高，人民的生活质量也得到逐步提升。人们购买汽车的能力不断增强，汽车作为普通交通工具逐渐在人们生活中扩展开来。汽车数量日益增加，不仅方便了人们的生活，也加重了交通压力和增加了交通事故的发生。

案例

2009年7月14日晚7时至8时，21岁在校大学生支某无证驾车，结果在太原市五一路、府东街、柳巷、海子边街和后铁匠巷等地连续造成11起交通事故，致8人受伤。支某在接受警方讯问过程中表示，当晚他在吃过饭后，想去练车，便从抽屉里偷偷拿上了父亲的车钥匙，把车开了出来。但是，他练完车将车停回停车场时，不小心蹭了一辆车，因"当时吓得连脑子就不听使唤了"，所以开上车就跑，然后又导致了一连串事故的发生。

讨论：导致此次交通事故产生的原因有哪些？对此你有什么感受？

驾驶汽车的注意事项有：

（1）驾驶汽车前，要系好安全带，并形成习惯。

（2）上车之后，要检查车辆各项功能是否正常。

（3）驾驶汽车时不要向外乱丢垃圾，更不能把头、手和胳膊伸出窗外，以免出现剐蹭。

（4）下车时，要前后在后视镜中观察一下，确定安全后，缓慢打开车门。

（5）做到"6个严禁"：严禁无证驾驶；严禁酒后驾驶；严禁疲劳驾驶；严禁超速行驶；严禁超员驾驶；严禁携带易燃易爆物品。

资料链接

机动车驾驶相关法律法规

《道路交通安全法》第 11 条："驾驶机动车上道路行驶，应当悬挂机动车号牌，放置检验合格标志、保险标志，并随车携带机动车行驶证。机动车号牌应当按照规定悬挂并保持清晰、完整，不得故意遮挡、污损。"

《道路交通安全法》第 22 条："机动车驾驶人应当遵守道路交通安全法律、法规的规定，按照操作规范安全驾驶、文明驾驶。饮酒、服用国家管制的精神药品或者麻醉药品，或者患有妨碍安全驾驶机动车的疾病，或者过度疲劳影响安全驾驶的，不得驾驶机动车。任何人不得强迫、指使、纵容驾驶人违反道路交通安全法律、法规和机动车安全驾驶要求驾驶机动车。"

《道路交通安全法》第 38 条："车辆、行人应当按照交通信号通行；遇有交通警察现场指挥时，应当按照交通警察的指挥通行；在没有交通信号的道路上，应当在确保安全、畅通的原则下通行。"

《道路交通安全法》第 91 条："饮酒后驾驶机动车的，处暂扣一个月以上 3 个月以下机动车驾驶证，并处 200 元以上 500 元以下罚款；醉酒后驾驶机动车的，由公安机关交通管理部门约束至酒醒，处 15 日以下拘留和暂扣 3 个月以上 6 个月以下机动车驾驶证，并处 500 元以上 2000 元以下罚款。"

小 结

本章系统介绍了行人交通安全，包括行人闯红灯、横穿马路和遭遇电梯故障等；乘坐公共交通工具安全，包括公共汽车、飞机、火车、轮船、地铁等；驾驶非机动车安全，包括自行车、电动车等和驾驶机动车安全，包括摩托车和汽车等需要注意的交通安全行为及注意事项。

据统计，在意外事故中，车祸占首位，占意外死亡总数的50%以上。仅以汽车交通事故为例，全世界因交通事故而死亡的人数已超过3000万人，比世界大战中死亡的人数还多。在交通事故中，青少年的死亡人数最多，其次为老年人。所以，我们应该高度重视交通安全，避免意外事故的发生，就是保护我们的生命安全。

自我拓展练习

一、单项选择题

1.《中华人民共和国道路交通安全法》是为了维护道路交通秩序，（　　），提高通行效率。
A. 保证车辆高速行驶　　　　　　B. 圆满完成运输任务
C. 保护公民合法权益　　　　　　D. 减少因交通事故而发生的争执

2. 驾驶人在下列什么情况下可以驾驶机动车？（　　）
A. 饮酒后　　　　　　　　　　　B. 喝茶后
C. 患有妨碍安全驾驶的疾病　　　D. 过度疲劳时

3. 交通事故现场抢救应遵循的基本原则为（　　）。
A. 先呼救、报警，再抢救　　　　B. 先抢救人员，后抢救财物
C. 先抢救重伤员，后抢救轻伤员　D. 拍照发朋友圈

二、多项选择题

1. 交通事故的常见处置方法（　　）。
A. 尽可能私了　　B. 及时报案　　C. 保护现场　　D. 控制住肇事者

2. 中国大陆交通安全依法管理的原则，主要表现在（　　）。
A. 依法行政，依法办事　　　　　B. 控制执法的随意性
C. 防止滥用执法权力　　　　　　D. 对违法执法行为承担法律责任

三、讨论题

1. 谈谈你对道路交通安全的基本精神和尊重生命的驾驶理念的认识。
2. 如何理解并在行动中贯彻"尊重生命"的交通理念？

第七章　网络安全——一"网"情深，不可沉迷

导读

网络时代是一个资源共享的时代。网络使全球成为一个地球村，但是网络文化不仅内容庞杂、包罗万象，而且良莠并存、层次多样，对当代学生来说是把双刃剑，需谨慎使用。随着高科技和信息化的快速发展，网络也日渐与我们的生活密不可分，特别是对广大学生的影响应该引起我们的高度重视。

学习目标

知识与技能目标：了解网络安全的定义，以及网络安全防范措施；认识网瘾的危害并做好预防措施；了解网络社交的定义、特点、类型和安全准则；了解网络购物、网购诈骗常见类型及防范措施。

过程与方法目标：通过案例分析引发学习兴趣，通过互动分析加强沟通交流，通过知识讲解与传授增强印象。

情感、态度与价值观目标：培养学生规避网瘾、热爱学习、健康社交与购物的良好风气。

学习重点：了解网络安全、网络安全防范措施，认识到网瘾的危害并做好预防措施；了解网络社交、网络购物的有关知识与防诈骗措施。

学习难点：有效避免、预防甚至遏制网络成瘾，防止网购诈骗。

第一节　网络安全基本知识

导入

2019年4月，网信安全工程师小张像往常一样，坐在计算机前分析着每小时的安全日志。突然，某单位图片查询服务器大量的异常请求链接引起了小张的关注，多年积累的经验告诉他，该服务器存在安全问题。安全工程师们立即对安全事件进行比对分析，结合安全监控平台触发的关联事件，基本上断定了用户局域网内图片查询服务器存在病毒。

与该单位沟通后得知，内网用户在访问图片查询服务器时，客户端杀毒软件不断弹出警

告，提示存在恶意软件或病毒，严重影响正常应用。客户的反馈印证了安全工程师的判断，为用户服务器清除病毒刻不容缓。后经调查，该单位内网用户插入带病毒U盘导致单位内网感染病毒，险些造成该单位涉密信息的外泄。

思考讨论：
1. 什么是网络安全？
2. 怎么样做好网络安全防护工作？

一、网络安全

网络安全是指网络系统的硬件、软件及其系统中的数据受到保护，不因偶然的或者恶意的原因而遭受到破坏、更改、泄露，系统连续可靠正常地运行，网络服务不中断。网络安全从其本质上来讲就是网络上的信息安全。从广义来说，凡是涉及网络上信息的保密性、完整性、可用性、真实性和可控性的相关技术和理论都是网络安全的研究领域。网络安全是一门涉及计算机科学、网络技术、通信技术、密码技术、信息安全技术、应用数学、数论、信息论等多种学科的综合性学科。

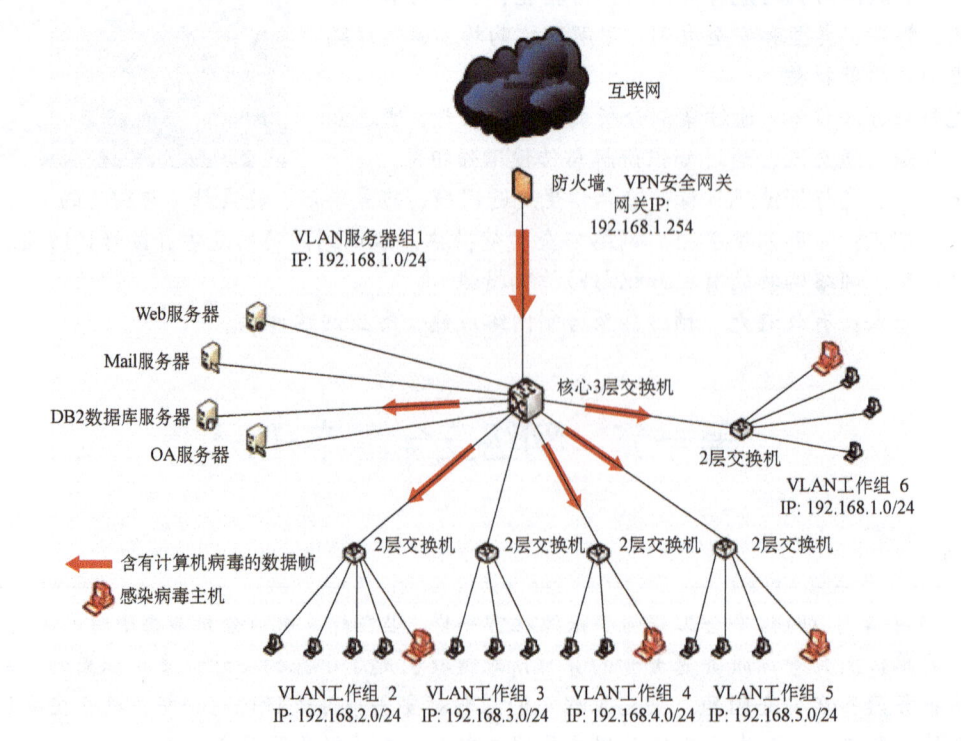

【7-1 网络安全小心行】

二、网络安全的特征

网络安全应具有以下 5 个方面的特征。
（1）保密性：信息不泄露给非授权用户、实体或过程，供其利用的特性。
（2）完整性：数据未经授权不能进行改变的特性，即信息在存储或传输过程中保持不被修改、不被破坏和丢失的特性。
（3）可用性：可被授权实体访问并按需求使用的特性，即当需要时能否存取所需网络安全解决措施信息的特性。例如，网络环境下拒绝服务、破坏网络和有关系统的正常运行等都属于对可用性的攻击。
（4）可控性：对信息的传播及内容具有控制能力。
（5）可审查性：出现安全问题时提供依据与手段。

三、网络安全的意义

（1）从网络运行和管理者角度说，他们希望本地网络信息的访问、读写等操作受到保护和控制，避免出现"陷门"、病毒、非法存取、拒绝服务、网络资源非法占用和非法控制等威胁，制止和防御网络黑客的攻击。
（2）对安全保密部门来说，他们希望对非法的、有害的或涉及国家机密的信息进行过滤和防堵，避免机要信息泄露，避免对社会产生危害，对国家造成巨大损失。
（3）从社会教育和意识形态角度来讲，网络上不健康的内容，会对社会的稳定和人类的发展造成阻碍，必须对其进行控制。

典型案例

澎湃新闻从绍兴市越城区公安分局获悉，该局日前侦破一起特大流量劫持案，涉案的新三板挂牌公司北京瑞智华胜科技股份有限公司，涉嫌非法窃取用户个人信息30亿条，涉及百度、腾讯、阿里巴巴、京东等全国96家互联网公司产品，目前警方已从该公司及其关联公司抓获 6 名犯罪嫌疑人。该案件严重违反了由全国人民代表大会常务委员会于 2016 年 11 月 7

日发布，自 2017 年 6 月 1 日起施行的《中华人民共和国网络安全法》。

案例分析： 常用的网络安全措施有哪些？

四、网络安全常用措施

（1）物理措施：例如，保护网络关键设备（如交换机、大型计算机等），制定严格的网络安全规章制度，采取防辐射、防火及安装不间断电源（UPS）等措施。

（2）访问控制：对用户访问网络资源的权限进行严格的认证和控制。例如，进行用户身份认证，对口令加密、更新和鉴别，设置用户访问目录和文件的权限，控制网络设备配置的权限，等等。

（3）数据加密：加密是保护数据安全的重要手段。加密的作用是保障信息被人截获后不能读懂其含义。防止计算机染上网络病毒，安装网络防病毒系统。

（4）网络隔离：网络隔离有两种方式，一种是采用隔离卡来实现的，另一种是采用网络安全隔离网闸实现的。隔离卡主要用于对单台机器的隔离，网络安全隔离网闸主要用于对整个网络的隔离。

（5）其他措施：其他措施包括信息过滤、容错、数据镜像、数据备份和审计等。

近年来，围绕网络安全问题提出了许多解决办法，例如，数据加密技术和防火墙技术等。数据加密是对网络中传输的数据进行加密，到达目的地后再解密还原为原始数据，目的是防止非法用户截获后盗用信息。防火墙技术通过对网络的隔离和限制访问等方法来控制网络的访问权限。

第二节　沉迷网络与预防

📖 导入

案例 1：四川省什坊市的唐亮是一名中学生，在当地是有名的网络游戏高手，在游戏中被对手杀死 23 次后，分不清虚拟世界和现实世界，最终在现实世界里将对手杀死。

案例 2：19 岁的王金沉溺于网络游戏不能自拔，为了要钱上网，不惜用铁锤砸死把他一手抚养成人的奶奶，并在奶奶没有了呼吸之后连衣服鞋子都没顾得上换就又去了网吧。杀害奶奶后不想逃窜，却仍然若无其事地继续流连网吧，王金对网络的沉迷让人匪夷所思。

【7-2 提高安全意识　网络诈骗不掉沟】

思考讨论

1. 同学们看了以上案例后有什么感受呢？
2. 分小组进行讨论，说说网络成瘾会带来哪些危害。

随着移动互联网的快速发展，我国未成年人的互联网普及率已经相当高。互联网对于低龄群体的渗透能力持续增强，越来越多的未成年人在学龄前就开始使用互联网。未成年人的网上学习与学校课堂教育深度融合，网上娱乐和社交活动在不同学历段呈现不同特点。初中阶段是未成年人网络社会属性形成的关键时期，高中阶段进一步发展和巩固。目前的网络素养教育尚不够完善，网络操作技能、网络防沉迷知识、网上自护意识和能力需要得到加强。

一、未成年网民规模与普及率

2019 年我国未成年网民规模为 1.75 亿，未成年人的互联网普及率达到 93.1%，和 2018 年的 93.7%基本一致。随着移动互联网向农村持续渗透，城乡未成年人数字差距进一步弥合。城镇未成年人互联网普及率达到 93.9%，农村未成年人互联网普及率达到 90.3%，差异较 2018 年的 5.4 个百分点下降至 3.6 个百分点。初中、高中、中职学生互联网普及率分别达到 97.6%、97.6%和 99.0%，小学生互联网普及率也达到 89.4%。

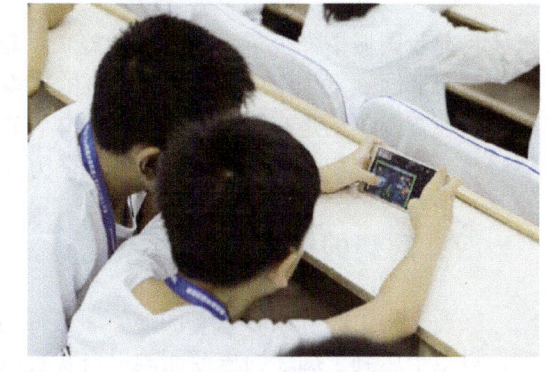

二、未成年网民上网时长

未成年网民工作日日均上网时长在 2 小时以上的占比 9.9%，节假日日均上网时长在 5 小时以上的占比 10.4%。这部分未成年网民可能受到过度使用互联网带来的不良影响。

数据显示，小学、初中和高中生网民工作日日均上网时间在 2 小时以上的占比分别为 5.5%、7.4%和 10.5%，中职学生网民在 2 小时以上的占比达到 51.5%。在节假日，各学历段日均上网时长均显著提升。数据显示，小学生网民在节假日日均上网时长超过 3 小时的占比 8.5%，初中生网民占比 20.8%，高中生网民占比 35.9%，中职学生网民占比达到 59.2%。

未成年网民经常利用互联网进行学习的比例达到 89.6%。上网听音乐和玩游戏是主要的网上休闲娱乐活动，分别占 65.9% 和 61.0%。上网聊天作为网络沟通社交的主要方式，占 58.0%。短视频作为新兴休闲娱乐类应用，占比达到 46.2%，较 2018 年的 40.5% 进一步提升。

三、我国青少年网瘾现状

目前我国城市青少年网民中，网瘾青少年的比例约为 14.1%，人数约为 2404.2 万人。在我国城市非网瘾青少年中，约有 12.7% 的青少年有网瘾倾向，人数约为 1858.5 万。可见，不管是网瘾青少年还是有网瘾倾向的青少年，在全体青少年网民中的比例都相对较高，对于网瘾青少年的治疗和对非网瘾青少年的预防方面仍需加强。

四、网瘾的概念及表现

网瘾是指上网者由于长时间地、习惯性地沉浸在网络时空当中，对互联网产生强烈的依赖，以至于达到了痴迷的程度而难以自我解脱的行为状态和心理状态。

网瘾患者无法控制上网时间，表现为：花费于上网的时间比原定时间要长，想要减少或控制上网时间但失败；关注网上的情况超过自己的现实生活，如头脑中一直浮现和网络有关的事，在生活中心不在焉，有关网上的情况反复出现在梦中或想象中；只有上网时才充满兴趣，一旦减少或停止上网，即表现出消极的情绪体验和不良的生理反应，包括沮丧、空虚、易发脾气、坐立不安、心慌、恶心、燥热出汗、失眠等。

五、网瘾的危害

（一）危害青少年的身心健康

网络成瘾者因为对互联网产生过度依赖而花费大量时间上网。青少年正处于身体发育的关键阶段，沉迷于网络世界，长时间连续上网，新陈代谢、正常生物钟遭到了严重的破坏，身体容易变得非常虚弱。还有研究表明，青少年长期沉溺于网络中，不仅会影响头脑发育，还会导致神经紊乱、激素水平失衡、免疫功能下降，引发紧张性头疼，甚至导致死亡。同时，不良的上网环境也会损害青少年的身体健康，而网吧大多环境恶劣、空气浑浊、声音嘈杂，青少年在这种环境的网吧内上网，也容易被传染上疾病。网络成瘾者过度沉溺于网络中的虚拟角色，容易迷失自我，将网络上的规则带到现实生活中，造成青少年自我认识的障碍。

（二）导致青少年学习成绩下降

青少年沉溺于互联网带来了大量教育上的问题，染上网瘾的青少年，被网络挤占了原本属于读书和思考的时间，导致的直接后果就是学习成绩下降。同时，国外也有研究表明，长期上网，沉迷于网络游戏的孩子，其智力会受到很大的影响，甚至导致智商下降到正常孩子的标准水平线以下，这也会间接地影响孩子的学习成绩。

（三）弱化青少年的道德意识

在网络世界，人们的性别、年龄、相貌、身份等都能借助网络虚拟技术得到充分的隐匿，人们的交往没有责任也没有义务。人们不必面对面地直接打交道，从而摆脱了熟人社会众多的道德约束。这些都会诱发青少年走向犯罪的道路。

（四）影响青少年人际交往能力的正常发展

首先，网络成瘾者大多性格孤僻冷漠，容易与现实生活产生隔阂，导致自我更加封闭，进而不断地走向个人孤独世界，从而拒绝与人交往。同时，网络成瘾者沉溺于虚拟完美的网络世界之中，沉醉于一种虚拟的满足，他们从网络游戏中得到了个人成就感的满足，他们从网恋中得到了个人归属感的满足，他们可以在网络世界里充分张扬自己的个性，在虚拟的网络世界里，他们已经拥有了一切。而在现实世界中，一切都不是那么完美，朋友经常欺骗，爱人随时背叛，因此他们认为现实生活中的人际交往是一件可有可无的事情，从而不愿意与人交往，拒绝与人交往，拒绝融入社会，这是网络带给网瘾青年的一大问题。其次，沉溺于网络世界中，还造成了青少年与他人交往频率的减少，迷恋人机对话模式，对着计算机屏幕行文如水、滔滔不绝，丢掉键盘鼠标就变得沉默寡言。在现实生活中语言表达能力出现障碍，只有到了计算机前，手按着键盘，才能表达自己的想法，从而更难与别人更好地交流。更有甚者，还会得一种名叫"社交恐惧症"的心理疾病，表现为怕与人见面、谈话，见人就紧张，面红耳赤，颤抖，因之常独居屋内避不见人。调查表明，56.3%的网络成瘾者人际关系较差。相比之下，46%的非成瘾者能与同学、亲友的关系相处得很好。

（五）影响青少年正确人生观、价值观的形成

在网络社会，一切都呈开放状态，体现着不同意识形态、价值观念的信息在网络中大行其道，网络内容丰富复杂，良莠不齐。网络文化虽然价值观多元化，但实际上仍受西方文化主导。西方国家利用网络大力宣扬其政治制度和文化思想，同时国内外一些不法分子或是对社会主义中国不怀好意的人或群体，更是利用网络大量散播着反社会主义、反人民反政府的宣传言论，甚至故意歪曲事实，混淆视听。在网络上有形形色色丰富多彩的信息，其中黄色信息、暴力信息混杂其中。还有些人人为地在网上制造"病毒"，宣扬消极、颓废，甚至违法、犯罪的思想。鉴别力和判断力水平较弱的青少年网络成瘾者沉迷网络之中，是首当其冲的受害者，青少年在互联网上接触的消极思想会使他们的价值观产生倾斜，在潜移默化中影响青少年正确的人生观和价值观的形成。

六、网络成瘾的预防

（一）个人预防

（1）遵守网络规则，保护自身安全。
（2）学会目标管理和时间管理，提高上网效率。
（3）积极应对生活挫折，不在网络中逃避。
（4）在上网时，要遵守《全国青少年网络文明公约》，同时保护好自身安全。做到：①保守自己的身份秘密；②不随意回复信息；③收到垃圾邮件应立即删除；④谨慎与网上"遇见"的人见面；⑤如果在网上遇到故意伤害，应该向家长、老师或者自己信任的其他人寻求帮助；⑥不做可能会对其他人的安全造成影响的活动。

（5）文明有序上网，做到：①不漫无目的地上网；②上网前定好上网目标和要完成的任务；上网中围绕目标和任务，不被中途出现的其他内容吸引；可暂时保存任务之外感兴趣的内容，待任务完成后再查看；③事先筛选上网目标，排出优先顺序；④根据完成的任务，合理安排上网时间长度；⑤不要为了打发时间而上网。

（6）未成年人要认识到成长的过程不会一帆风顺，遇到困难和挫折要积极应对，向家长、老师和其他人请教解决办法，不在网络中逃避。

（二）家庭和学校预防

（1）构建全面的评价标准，促进未成年人的身体、智力和心理平衡协调发展。改变主要以学习成绩评价孩子的单一、片面的评价方法和标准。家庭、学校要从学习、体育、文艺、实践动手能力等角度建立全面的评价标准，让每个未成年人在现实生活中能够获得自信和价值感。

（2）丰富学校课余活动。学校和家长要注重培养未成年人多方面的兴趣，支持未成年人间建立多种互动，适当开展有利于未成年人身体、智力、心理全面发展的以娱乐、创新性为主题的课余活动，使未成年人能从多渠道获得成就感。

（3）家长应关注和陪伴未成年人成长。在未成年人成长的过程中，家长要担负起关注、陪伴的责任，帮助他们在现实世界与网络环境中保持适当的人际距离，促进形成良好的同伴关系，建立稳定的安全感和亲密关系。

（4）教师和家长要了解网络，关注未成年人的上网行为，做到：①了解未成年人常访问的网站，与他们一起上网和讨论，用成年人的经验帮助他们远离网络垃圾；②尽量了解网络的多种功能和作用，并指导未成年人学会使用；③了解过度使用网络的消极影响，不时评估、判断未成年人使用网络的状况。若发现有网络使用不当的问题，及时处理。

（5）建立良好的师生关系和亲子关系，增加未成年人对教师、家长的信任感。教师和家长要善于发现每个未成年人的优点和特长，及时给予肯定和鼓励，帮助未成年人建立自信，充分发挥自身潜能。

（三）社会预防

（1）开展宣传和健康教育，指导未成年人及其家长科学使用网络。

（2）加强部门协作，通过管理和技术手段，制约不当上网、无节制地玩网络游戏；依靠群团组织和社会支持，在现实生活中为未成年人提供多渠道、多形式的成长途径，避免其过多依赖、依靠互联网。

网络是人类科学技术的产物。网络的诞生，为人类开启了沟通世界、创造文明的崭新窗口。网络给现代人的生活、学习、工作和娱乐带来了方便和快捷，极大地提高了人们的生活节奏和生活质量。未成年人作为国家的新生力量，对网络这种高科技信息手段的接受和使用程度超过成人。因此对青少年网瘾的防治就更显重要，网瘾防治，任重而道远。

第三节　网络社交安全

导入

2015年8月，在线票务网站大麦网络暴露出安全漏洞，超过6亿用户的账户密码被泄露在黑色生产论坛。手机社交软件多次被曝光保存用户的信息数据并利用这些信息赚取利润。根据2015年第一季度互联网欺诈数据的报告，中国公民泄露了多达11亿2700万条个人信息。而在这其中，有关社交网络中学生个人信息事件占比不容忽视。在互联网飞速发展的今天，网络社交以其便捷、快速的优点早已取代传统的生活社交并被社会大众接受，越来越多的人们使用手机或计算机等电子设备进行日常的沟流交通和信息传递，其中，对新兴事物接受较快的学生更是成为了社交网络的主要用户。然而学生由于自身经历的不足，缺乏自我保护意识，容易在社交网络中被盗取个人信息。

思考讨论
1. 什么是网络社交？
2. 怎样在网络社交中保证自身安全？

一、网络社交

网络社交是指人与人之间的关系网络化，在网上表现为以各种社会化网络软件，例如，由 Blog、WIKI、Tag、SNS、RSS 等一系列 Web2.0 核心应用构建的社交网络服务平台（SNS）。

【7-3 网络安全小课堂】

二、网络社交的特点

互联网推动着人类活动的科学化、技术化、知识化，改变着人类的价值体系，改变了人们的某些传统生活习惯和行为方式。网络社交具有如下自身的特点。

（一）网络社交具有虚拟特性

网络社交是以虚拟技术为基础的，人与人之间的交往以间接交往为主，以符号化为其表现形式，现实社会中的诸多特征，如姓名、性别、年龄、工作单位和社会关系等都被"淡"化了，人的行为也因此具有了"虚拟实在"的特征。

（二）网络社交具有多元特性

网络信息的全球交流与共享，使时间和空间失去了意义。人们可以不再受物理时空的限制自由交往，人与人之间不同的思想观念、价值取向、宗教信仰、风俗习惯和生活方式等的碰撞与融合变得可能。这种价值取向的"多源"和"多歧"，给每一个网络青少年创造了空前宽松的道德生活空间。

（三）网络社交具有创新特性

网络是创新的产物，其创新的形式，将信息的传输过程变成参与者主动的认知过程。在意识形态领域中容易滋生出更多元化的，甚至偏离社会正常行为规范约束的各种奇观异念。在个人主义盛行的西方国家，许多人并不以其为可耻，反而羡慕和钦佩这种行为，这种善恶不分、是非颠倒的舆论导向对网络犯罪更是起了推波助澜的作用。近年来，我国一些青少年

利用信息技术盗窃金钱、获取情报、传播不健康内容、诽谤他人、侵犯他人隐私等违法犯罪行为时有发生，这是一个值得德育工作者警觉的信号。

（四）网络社交具有自由特性

"网络社会"分散式的网络结构，使其没有中心、没有阶层、没有等级关系，与现实社会中人的交往相比，"网络社会"具有更为广阔的自由空间，传统的监督和控制方式已无法适应它的发展。因此，网络在给我们带来巨大便利的同时，也给传统的道德法制带来了巨大的挑战。

（五）网络社交具有异化特性

"网络社会"中的交往主要是以计算机为中介的交流，它使人趋向孤立、冷漠和非社会化，容易导致人性本身的丧失和异化。"网络社会"中开放的、自由的信息系统提供的是一种崭新的、动态的和超文本式的传播模式，这种人机系统高度自动化、精确化而缺少人情味，容易导致人们对现实生活中的他人和社会的幸福漠不关心，容易使人产生精神麻木和道德冷漠的问题，并失去现实感和有效的道德判断力。

三、网络社交的类型

根据社交目的或交流话题领域的不同，目前的社会化网络（社交网站）主要分为以下4种类型：

（1）娱乐交友型。国外知名的有 Facebook、YouTube、MySpace，国内知名的有猫扑网、优酷网、青娱乐等。

（2）物质消费型。涉及各类产品消费、休闲消费、生活百事等活动，比如口碑网和大众点评网，均以餐饮、休闲娱乐、房地产交易、生活服务等为主要话题。

（3）文化消费型。涉及书籍、影视、音乐等，例如，国内知名的豆瓣网，主要活动是书评、乐评等。

（4）综合型。话题、活动都比较杂，广泛涉猎个人和社会的各个领域，公共性较强。例如，人民网的强国社区，以国家话题的交流影响较大；天涯社区是以娱乐、交友和交流为主的综合性社交网站；知名的百度贴吧话题更无所不有。

四、社交网络的安全准则

在移动互联网飞速发展的环境下，QQ、微信、微博等网络社交软件的用户数量逐年增加，网络社交逐渐成为人们社交生活的主流，与之相对的，网络社交的弊端也不断显现，引起了社会大众的关注。因此我们一定要遵守社交网络的安全准则。

（一）不要全部、照实填写所有字段

当在建立个人网页时，请仔细考虑你所提供的每一项信息是否都绝对必要，是否与该网

站相关。例如，你是否真的需要提供电话号码，或许你的手机就能接收电子邮件或实时通信，所以就无须提供电话号码。考虑是否有实际上的必要，千万不要只因为表格上有这些字段就盲目填写。

（二）重设密码要注意"安全提示问题"

大多数的网站都会提供一种方式让你在忘记密码时重设密码，但这也是最常见的账号入侵方式之一。如果你要设定所谓的"安全提示问题"来保护你的账号，请确定这些问题是否真的安全。所谓的安全是指只有你自己才知道问题的答案。如果可以的话，请自行建立你自己的安全提示问题。如果问题是"你宠物的名字？"，并不表示答案不能设定为"我是大美女"。如果你被迫使用一些标准问题，例如，"第一个学校"或"第一只宠物"，请记得，你无须据实回答，只要填上你可以记住的答案就行。你所选择的问题，必须让黑客无法藉由在线搜寻你的背景资料而猜出答案，此外你还必须确定他人无法透过公开的来源取得太多关于你个人的信息。人们现在无须花费太多功夫即可取得经常用于识别身份的数据，例如，邮政编码、就读的高中、你的爱犬等。

（三）切勿在不同的网站使用相同的密码

只有在不同的网站使用不同的密码，才能当某个账号遭到黑客入侵后，不必担心其他账号的安全问题。如果我们想区分每个网站所用的密码，可以将网站名称的第一个和最后一个字母分别加在密码的开头和结尾。

此外，建立复杂的密码，可以混合使用大小写、数字和特殊字符，如$、%、&、!等。

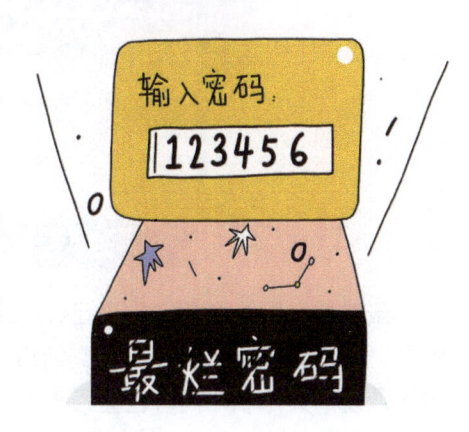

（四）确定身份再交友

典型案例

中国台湾省高雄市一名清秀女大学生，接受陌生女子邀请结为朋友，结果身份、照片遭到盗用，对方就把姓名、照片都改得和她一样，发送不堪入目的色情照片，让她被亲朋好友误会，女大学生不堪其扰只好报警处理。

如果收到不认识的人所发的加友请求，请先直接和那个人联络，再决定要不要将该人加入你的朋友圈。

提醒大家在收到交友邀请时，勿贸然加入，问问他如何知道你的联络数据，看看是否有诈。这不仅为了保护你自己的隐私，也保护了你朋友。考虑将朋友分组，在许多情况下，这可以让你挑选只和某些朋友分享某些信息。

（五）减少安装能够存取账户的第三方应用程序

了解当你不想使用它们时，该如何将它们移除或中止授权。切记，即使是在微博，一旦你授权某个服务存取你的账户，除非你手动将它移除，否则就算你变更密码也无法阻止其存取能力。

（六）当心社交工具恶意链接

即使是你朋友发来的链接，也请先确认对方确实传送了这个链接给你。对于这类被归为社交工程陷阱（Social Engineering）的手法，多一道确认动作，就可以避免自己落入网络钓鱼的陷阱或者更惨的情况，例如，计算机遭到病毒感染。而且，如果你让朋友知道他们的账号遭到了入侵并在到处散发恶意链接，也算是帮朋友一个大忙。

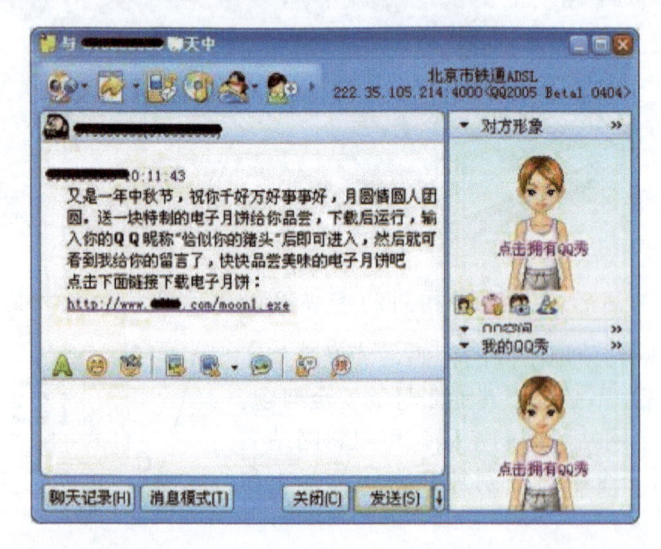

虽然社交网络和移动应用已经高度普及，成为人们日常生活不可分割的一部分，但遗憾的是，大多数人对于如何在社交网络中有效地保护个人隐私和敏感数据依然知之甚少，这不但会危及个人隐私，同时也会给企业乃至社会带来损失。

第四节　网络购物与诈骗

导入

大一学生小同在网上购物后，收到 QQ 的加好友提示，便同意将其加为好友。对方自称是店家，声称货物有瑕疵，需核实信息以便退款，小同不假思索地配合"店家"。首先收到"验证是否为本人操作"的验证码（其本质是淘宝账号的修改密码验证码），得到验证码后的"店家"首先修改了小同的账号密码（导致小同不能登录淘宝账号），同时掌握了其用户信息，并通过所得到的信息，取得小同的信任；然后小同在"店家"的循循引诱下输入了银行账号，并在支付宝的备注里输入了银行密码，当"店家"询问其卡上余额时，小同虽有纳闷，但仍未怀疑；当收到银行的验证信息"尾号为××的卡将支出××元"时，小同略有迟疑，在反问对方未成功和压力式"逼问"下，小同一烦躁便将验证码脱口而出。最后，小同银行卡被扣除 800 元，仅剩 20 多块零头。

思考讨论
1. 大学生为什么喜欢网络购物？
2. 案例中的小同同学为什么会被骗？

一、网络购物

网络购物，就是通过互联网检索商品信息，并通过电子订购单发出购物请求，然后填上私人支票账号或信用卡的号码，厂商通过邮购的方式发货，或是通过快递公司送货上门。

【7-4 网购安全人人警惕】

二、网购诈骗常见类型及防范措施

（一）打着"感恩回馈"的幌子诈骗

打着"感恩回馈"幌子的诈骗手法是诈骗分子假冒淘宝、京东等知名网络购物平台店家

的身份，利用伪基站给手机用户发送中奖诈骗短信。部分诈骗分子为打消受害人的疑虑，还会注明"活动已通过公证处公证，获奖用户放心领取"。最后，诈骗分子利用发送的伪链接盗取用户的信息及手机绑定的银行卡存款。

凡是发送信息打上"感恩""创业""公正"等时髦词语的一定要提高警惕，谨慎对待；凡是称获得高额奖金、高档奖品，诱惑当事人主动与其联系的，要查明信息来源，务必通过正规渠道核实；通过短信发送的来路不明的网站链接一律不要点击。

（二）冒充网购客服诈骗

诈骗分子通过各种手段获得网络购物消费者的具体购物信息，冒充天猫、京东、淘宝等店铺的客服人员或银行客服人员电话联系受害人，准确说出受害人购买的商品信息，使得诈骗更具有迷惑性。同时，诈骗分子以网购平台系统升级导致网购订单丢失、网购商品缺货无法安排交易、网购商品存在质量问题需召回等借口，要退钱给受害人，要求受害人提供银行卡号、密码等；以手机短信、微信、QQ 等形式给受害人发送退款链接或二维码，通过钓鱼链接或二维码，获得受害人银行卡号、身份证号、网银登录密码、手机验证码，盗取受害人银行卡资金，之后声称客服操作失误，误将受害人加为会员，能享受购物折扣，但每月需扣一定费用，诱导受害人提出解除会员的要求，到 ATM 机进行操作，诱骗受害人转账汇款。

淘宝、京东等网购客服给顾客打电话通常不使用 400 电话，凡电话前加有"400""0400""00""+""+86"等数字或符号的，通常是诈骗电话；凡陌生人发送的手机链接和二维码，一律不点击、不扫描；网购商品要使用比较安全的第三方支付平台进行交易，以确保资金安全，不要通过微信、QQ 直接汇款，一旦出现问题，钱款难以追回；淘宝购物不存在购物单丢失、订单有问题等情况，遇到此类情形，请直接与购买的商家沟通确认。

（三）低价购物诈骗

低价购物诈骗主要是打着罚没处理、内部价等信息低价出售商品的诱惑力。诈骗分子通过群发手机短信、网上发帖、媒体刊登信息、建立钓鱼网站等形式，打低价销售"广告"，留下联系方式。待受害人与骗子联系，对方会先给一个银行账号，让付定金、交易税、手续费等，然后利用"先付款后验货"的交易程序给受害人寄来与实际价格严重不符的物品或者干脆彻底消失。

购买价格明显偏低的商品时要留心，尽量选择大的购物电商进行商品交易。对于在手机短信、社交网站上发布的购物信息，要谨慎选择，特别要留意提供的网址链接，核对是否为合法备案网站，谨防钓鱼网站。无论什么情况下，都不要向陌生人透露自己及家人的身份信息、存款、银行卡等情况。绝对不要给对方汇所谓的预付款、保障金等费用。

（四）冒充买家更改收货地址

骗子在网上物色特定的淘宝卖家，假意联系购买。随后，将该物品的淘宝链接在某些交易论坛上发布，引诱第三人在淘宝中拍下物品并付款。之后，再与卖家联系，称已付款并要求修改收货地址，最终物品被寄到新的收货地址那里，达到诈骗贵重货物的目的。

遇到买家变更收件地址，一定要特别留意，再三确认，最好致电买家本人求证；尽量通过淘宝旺旺聊天软件与买家取得联系，不要轻易相信淘宝网之外的聊天交易，并留下证据；作为买家，要注意保护好个人隐私，不向他人透露自己的账号等信息。

在当今的信息时代，加强学生的网络防骗教育刻不容缓，这需要作为学校充分利用身边资源，采取多种形式，对学生进行有针对性的教育，不断加强和改进当代学生的安全教育模式，通过有效提高学生的安全防范能力，防微杜渐，为学生的健康成长营造良好的环境。

有关法律法规

《中华人民共和国网络安全法》第 12 条:"国家保护公民、法人和其他组织依法使用网络的权利,促进网络接入普及,提升网络服务水平,为社会提供安全、便利的网络服务,保障网络信息依法有序自由流动。任何个人和组织使用网络应当遵守宪法法律,遵守公共秩序,尊重社会公德,不得危害网络安全,不得利用网络从事危害国家安全、荣誉和利益,煽动颠覆国家政权、推翻社会主义制度,煽动分裂国家、破坏国家统一,宣扬恐怖主义、极端主义,宣扬民族仇恨、民族歧视,传播暴力、淫秽色情信息,编造、传播虚假信息扰乱经济秩序和社会秩序,以及侵害他人名誉、隐私、知识产权和其他合法权益等活动。"

《中华人民共和国网络安全法》第 27 条:"任何个人和组织不得从事非法侵入他人网络、干扰他人网络正常功能、窃取网络数据等危害网络安全的活动;不得提供专门用于从事侵入网络、干扰网络正常功能及防护措施、窃取网络数据等危害网络安全活动的程序、工具;明知他人从事危害网络安全的活动的,不得为其提供技术支持、广告推广、支付结算等帮助。"

《中华人民共和国电子商务法》第 17 条:"电子商务经营者应当全面、真实、准确、及时地披露商品或者服务信息,保障消费者的知情权和选择权。电子商务经营者不得以虚构交易、编造用户评价等方式进行虚假或者引人误解的商业宣传,欺骗、误导消费者。"

小 结

本章我们学习了网络安全的定义,以及网络安全防范措施;学习了网瘾的危害并做好预防网瘾措施;学习了网络社交的定义、特点、类型和安全准则,以及网络购物、网购诈骗常见类型及防范措施。

自我拓展练习

1. 测试:生活中的你是否也对网络成瘾呢?
以下有 9 条上网成瘾的表现,如果你有 4 条符合,就可以认定自己对网络成瘾了。
(1)上网已占据你的身心。
(2)不断增加上网时间和强度。
(3)因某种原因突然不能上网时,感到烦躁不安,无所事事。
(4)向家人刻意隐瞒自己迷恋网络的程度。
(5)每天上网超时 4~5 小时,连续一年以上。
(6)将上网作为摆脱痛苦的唯一方法。
(7)在投入大量的金钱和时间后有所后悔,但第二天仍然控制不住上网。
(8)无法控制上网冲动。
(9)因长期迷恋网络导致睡眠紊乱、视力下降、食欲不振和营养不良。
2. 测试的结果如何呢?如果被认定网络成瘾,你有什么好的应对方法吗?

第八章 工作安全——未雨绸缪，防微杜渐

导读

知行合一是对我们的要求，也是我们的奋斗目标。在校学生参与的社会实践，比较常见的角色是餐厅服务员、服装店推销员、家教等；参与的校外实习、求职应聘、就业与创业等工作，也与自己的本职专业有较强联系。由于同学们普遍没有社会经验，对错综复杂的社会情况认识不够深刻，很容易受到不法侵害。因此，如何有效地避免、预防或者遏制工作时不法侵害的发生，是安全教育中一项重要的内容。

学习目标

知识与技能目标：了解在社会实践、校外实习、求职、就业创业等中存在的潜在不安全因素，及时有效避免、预防或遏制不安全事件发生与发展，从而保护身体安全、心理安全和财产安全等。

过程与方法目标：通过案例分析引发学习兴趣，加强互动沟通交流，通过知识讲解传授增强印象。

情感、态度与价值观目标：培养学生热爱学习，热爱工作的良好素质。

学习重点：了解社会实践、校外实习、求职、就业创业中存在的潜在不安全因素。

学习难点：有效避免、预防甚至遏制不安全事件的发生。

第一节 社会实践安全

导入

王天乐同学来自农村，家庭条件不是很好，想利用暑假的空余时间参加社会实践活动，

安全第一 生命至上

在赚取工资为家庭减轻负担的同时，也能更好地锻炼提高自己。此时初中同学李孝田与王天乐联系，热情洋溢地告诉王天乐，自己正在烟台某个公司工作，不但工作轻松，而且待遇丰厚，现在还在招聘，只要是自己介绍来的不用面试，即可正常上班。

王天乐想赚到钱后给父母一个惊喜，没有通知家长，便独自兴致勃勃前往烟台与同学会面，但是到了汽车站发现接待自己的不是同学，而是自己素昧平生的陌生人。此时王天乐依然没有警惕心理，认为有可能是同学工作忙，不方便见面，便与陌生人共同前往目的地，直到被迫交上手机和身份证，与外界失去联系时才意识到自己已经掉入到传销的黑窝中。

思考讨论
1. 王天乐哪些方面做得不对？
2. 一旦陷入传销中，该如何逃脱？

一、社会实践

广义的社会实践是指人类认识世界、改造世界的各种活动的总和，即全人类或大多数人从事的各种活动，包括认识世界、利用世界、享受世界和改造世界等。

狭义的社会实践即假期实习或是在校外实习，主要包括岗位实习、勤工助学、义工、社会调查等。岗位实习对于在校学生具有加深对本专业的了解、确认适合的职业、为向职场过渡做准备、增强就业竞争优势等多方面的意义；勤工助学（包括家教、兼职）等更侧重经济利益，是一些家庭经济困难同学的首要选择；具有一定经济基础的同学选择做义工（包括支教、支农），既锻炼了能力，又奉献了爱心；部分同学想通过社会调查得到某种结论等。

✏️ **典型案例**

　　王汉期末考试结束后在和谐广场附近的火锅店找了一份服务员的工作。初次迈入社会的王汉很兴奋，一心想好好表现自己，没有与火锅店签订协议就开始了工作。一次上菜时，王汉不小心踩到了地面的油渍上，重重地摔倒在地上，左胳膊流了很多血，送至省立医院经过X光检测，左前臂骨折，一个月不能正常活动。火锅店老板垫付了王汉入院时的部分医疗费后再无下文，王汉及其家长多次登门协商，火锅店老板一直躲躲闪闪，不肯正面接触。

思考讨论
1. 王汉在校外兼职，哪些方面做得不好？
2. 如果你是王汉，你会怎么做？

二、社会实践事故的预防

（一）勤工助学

　　青年学生参加勤工助学，需要注意以下几点：
　　（1）要尽量在校内勤工助学，或者是通过学校勤工助学服务中心推荐参加，同时学习、掌握有关安全常识与文明礼仪。
　　（2）识破虚假广告真面目，以防上当受骗。"高薪诚聘"是小广告中的诈骗"典范"，其主要手段是以收取押金或提供信息费为名进行诈骗，同学们不要因为高薪诱惑而轻信广告宣传，以免上当受骗。
　　（3）应自觉学习与遵守相关法律、法规，如劳动法、劳动合同法等，学会依法保护自己的合法权益。
　　（4）参加勤工助学之前，要告知家长或其他监护人，以免家里人担心牵挂，并与用人单位签订工作协议。签订时，应仔细研究对方提出的要求和协议中的条款，不要匆忙允诺或签字，防止上当受骗。
　　（5）勤工助学时，要遵纪守法，要讲诚信，不能做违法的事情；对家长、工作单位负责人提出的无理要求，应坚决予以抵制。

（6）利用寒暑假打工，在校外租房的同学，一定要坚持双方签订房屋租赁协议书，尽量与多名同学一起居住，相互照应。

（7）在假期从事以体力劳动为主的勤工助学工作时，如到建筑工地做小工等重体力劳动，要注意人身安全，千万不能疏忽大意。

（二）义工和社会调查活动

青年学生参加义工（如支教、支农）和各种社会调查活动，需要注意以下几点：

（1）参加活动时一定告知家长或其他监护人。

（2）尽量参加学校统一组织的相关活动。

（3）尽量与熟悉的人一块参加，切忌不可单独前往。

（4）量力而行，切忌做超出自己能力、体力之外的事情。

（5）随时随地要提高警惕，保管好自己的财物，要做好防盗、防诈骗、防火灾，避免发生安全事故。

（6）开展社会调查，要学会与人交往，谈话态度要和蔼；问路问事要有称谓，进行调查时要讲文明礼貌，问话客气；要注意听被调查人介绍情况，要谦虚谨慎。

【视频8-1 女生电梯里遇到危险怎么办】

（7）女学生外出进行社会调查时，要注意穿戴不要太奇特、太暴露；夜间外出要结伴而行，要尽量走明亮、往来行人较多的大道；尽量不让陌生人带路；就寝时应关闭门窗，夜间到室外上厕所要格外注意安全。

第二节　校外实习安全

导入

学生李浩然是电子商务专业的一名毕业生，几天前在某招聘网站上看到一家酒业公司招聘与自己专业相关的实习生的信息，与之联系后，对方坦诚自己是中介，同意介绍李浩然毕业前在该公司实习，实习期每月3000元，但要求李浩然先交1000元信息费，入职前再交400元押金，其中200元是工作服的押金，另外200元是担保李浩然按时上班的押金，其中押金在实习结束后全额退还。

根据中介安排，李浩然被分配到酒业公司的一家子公司，当李浩然前往报到时，该子公司说还要交600元培训费，不然前面400元也不能退，李浩然只好就范。培训两天之后，该子公司人事处通知李浩然回去等消息，谁知过了两周也没有通知李浩然上岗，而按照协议的要求，如果一个月工作时间不满25天，则押金不退。李浩然这才知道自己掉进了陷阱。

思考讨论
1. 李浩然在求得这份实习工作的过程中都犯了哪些错误？
2. 如果你是李浩然，你该怎么办？

一、校外实习

校外实习包括教学见习和顶岗实习。教学见习是指在教学期内学校安排学生赴合作企业短期观摩、见习，适应了解生产经营现场，积累工作经验，开阔眼界视野，不参与实际工作。

顶岗实习是指在基本上完成教学实习和学过大部分基础技术课之后，到专业对口的现场直接参与生产过程，综合运用本专业所学的知识和技能，以完成一定的生产任务，并进一步获得感性认识，掌握操作技能，学习企业管理，养成正确劳动态度的一种实践性教学形式。

典型案例

2008年6月，还有一年就要毕业的沈阳某职业技术学院学生李成玉被学校安排到沈阳某重工有限公司实习，从事焊接工作。2008年8月14日李成玉在工作中因操作机器失误将右手食指轧伤。事故发生后，学校和公司互相推脱责任，均不愿支付李成玉的住院治疗费用。因无钱继续治疗，无奈李成玉只好提前出院。因治疗不彻底，李成玉的右手食指严重感染，最后被截去一段手指，造成右手残疾。

思考讨论

1. 李成玉校外实习，为什么会受伤，受的伤为什么变得更加严重？
2. 如果你是李成玉，你会怎么做？

二、校外实习事故的预防

【视频 8-2 抓好安全生产 教育培训不可少】

　　实习单位的工作环境与我们的日常生活环境、校园的教学环境差异较大，不少学生往往意识不到危险的存在，尤其是理工科的学生实习期间往往要开动各种生产设备，从而进行各种机床操作，一旦违反安全规定，极其容易发生意外事故。因此，为了保障校外实习的顺利完成，应从各个方面做好预防，避免出现意外事故。

（一）树立实习活动人身安全意识

　　同学们在参加实习活动之前，应积极接受学校和实习单位组织的安全教育，牢固树立"安全第一"的思想，做到事事、处处、时时注意安全。

　　在实习过程中，要严格遵守实习单位的安全生产规章制度和操作规程，正确使用劳动防护用品；应自觉接受实习单位的安全生产教育和培训，掌握本职工作所需的安全生产知识，提高安全生产技能，增强事故预防和应急处理能力。

（二）重视路途乘车的安全

　　集中实习，有校车接送的学生应按指定位置乘坐，行进中不要将头和手伸出车外，不向车窗外乱扔杂物,看管好自己的行李;如实习单位分散或路途较近,无班车接送的,要时刻提高安全防范意识,遵守交通规则,注意行车安全,走人行道,路上不要打闹嬉戏。

(三)听从指挥,服从分配

在实习现场进行具体操作时,一方面,要听从技术人员和指导老师的指挥,严格按操作规程办事,注意人身安全,爱护仪器设备;另一方面,要服从技术人员和指导老师分配的工作,不能挑三拣四讲条件,更不能因此与技术人员或指导老师发生争执、口角甚至更严重的冲突。

(四)严格遵守操作规程

应在指导老师或熟练技工的指导和示范下,严格按照各项安全操作规程及工艺规程进行操作,未经允许不得乱动任何机器设备。开动机床设备前,应看清安全操作规程,并遵章操作。离开机床或停电、机床拆修时,应及时关闭电源。

(五)遵守实习纪律

实习期间应按时作息,不缺勤,不迟到,不早退。离队活动时应该向实习带队教师(队长)请假,请假外出时不得到江、河、湖、海中游泳,女生在夜间不单独外出活动。

第三节　求职安全

📝 导入

2009 年 2 月,厦门某职业学院应届女大学生蔡依桐在网上发出求职简历,很快就有一名自称是石狮某公司老板的男子按照她简历上留下的电话打了过来,声称觉得她的专业很适合他们公司的岗位需求,希望她尽快来公司面试。兴奋的小蔡急匆匆赶过去,竟遭绑架,对方还向她家人勒索 5 万元赎金,好在蔡某寻机逃脱后报警。3 月 3 日下午 4 时许,绑匪周某被警方抓获。

思考讨论
1. 蔡依桐在求职过程中都犯了哪些错误？
2. 如果你是蔡依桐，你会怎么办？

一、什么是求职

求职，是利用自己所学的知识和技能，向企事业单位寻求为其创造物质财富和精神财富，获取合理报酬，作为物质生活来源的一种过程。

二、求职途径

在求职过程中一般采用的途径有以下几种。

（一）招聘会

招聘会一般是由政府所辖人才机构及高校就业中心举办，主要服务于待就业群体及用人单位。招聘会一般分为现场招聘会和网络招聘会，日常所讲的招聘会通常指的就是现场招聘会。招聘会分行业专场和综合两种，参加招聘会前先要了解招聘会的行业和性质，以免因和自己要找的岗位不对口而浪费时间。

（1）现场招聘会。能与招聘人员面对面沟通，能透过职位说明进一步了解企业和岗位的信息，同时也能了解到一些职场和行业的相关信息，免去了简历的预考程序，直接进入正考。

（2）网络招聘会。网络招聘会其实就是现场招聘会的网上展示版本，网络招聘会在表现形式上可以说是多元化的。一般网络招聘会举办时间都在 20～30 天，其中包括 10 天左右的宣传时间，每届招聘会举办方都会策划不同的主题和基调，设计不同风格的专题网页页面。

（二）网络求职

网络求职是广大求职者找工作的一种重要途径。由于科技的发展，信息的网络化日益显著，网络已经成为我们工作、生活、招聘、求职必不可少的帮手，所以在网上找工作也已经成为广大求职者必选的途径，代表性网站有 58 同城、智联招聘、51job 等。

（三）报纸、电视

报纸、电视是传统的媒体，现在通过报纸和电视的招聘主要是面向不会使用智能手机的中老年人。

（四）熟人介绍

这是最古老的一种猎头手段，也是最有效的捷径。这里没有小心翼翼的试探，也不需要艰苦卓绝的磨合，你的目标就在那里，你所做的只是一次直截了当的谈判，对技能和人品的了解使你简单到一个词：待遇。

（五）职业经纪人

职业经纪人就是接受人才的委托，根据人才学历背景、工作经历等情况，然后结合求职人员的求职意向，定向地去帮他推荐工作。通过职业经纪人找工作具有省时、省力、快捷、入职匹配度高的特点，代表性网站有猎聘网。

◆ 典型案例

22 岁的山东某职业学院毕业生王雨荷在学校的招聘栏内看到一则招聘信息刚好与自己

的专业相符，于是她决定去应聘。公司老板简单地问了一下王雨荷的情况，就要她填了一份资料，然后回去等通知。大约一周后，王雨荷接到该老板打来的电话，说她被聘用了。不久，老板打电话约王雨荷到一家酒店吃饭，吃完饭后，老板说让她到他的办公室去一下，他还有工作需要向她交代。王雨荷只好随老板一起来到他的办公室。一到办公室，老板顺手就把门反锁了，还把窗帘也拉上了，只开了一盏很暗的小灯。老板开始对她讲挑逗性的话，王雨荷知道不好，一把推开老板，打开门逃出了老板的办公室。

思考讨论
1. 王雨荷在求职过程中遇到了什么陷阱？
2. 除此之外，我们还应进行哪些方面的防范？

三、求职过程中的安全事故预防

【视频8-3 求职避免陷入传销】

由于没有求职经验，缺乏社会阅历，容易轻信别人，因此每年都有一部分学生在求职过程中受到种种诱惑而上当受骗，人身安全受到威胁。有的就业陷阱待遇优厚，仿佛是"为我量身定做的"；有的岗位陷阱带有"经理助理、市场总监"的光环，满足一些同学的虚荣心。因此，我们在求职过程中应该预防安全事故。

（一）正规渠道应聘

每年十月份前后，学校就业部门会在学校内部组织专场招聘会或大型招聘会，前来应聘的一般都是与学校常年合作的，可以互相信任的企事业单位，推荐同学们提前准备好简历进行应聘。

（二）保护信息安全

一部分学生把自己详细的资料，包括照片、家庭住址、自己与家长的联系方式放到网络上，希望能遇到伯乐，殊不知在给自己带来方便的同时也会为犯罪分子带来可乘之机，因此我们一定要对自己尤其是家长的信息予以保密，切勿在网上透露。

（三）抵制高薪诱惑

在求职初期，不要抱有超出自身条件、行业标准的期望，如果对方开出了超出预期的待遇，一定要提高警惕、谨慎对待，因为这很可能隐藏着其他不合法的要求。

（四）防范传销陷阱

传销是指组织者通过发展人员或者要求被发展人员以交纳一定费用为条件取得加入资格等方式非法获得财富的行为。传销的本质是"庞氏骗局"，即以后来者的钱发前面人的收益。

新型传销：不限制人身自由，不收身份证、手机，不集体上大课，而是以资本运作为旗号拉人骗钱，利用开豪车、穿金戴银等，用金钱吸引，让你亲朋好友加入，最后让你达到血本无归的地步。

在求职过程中，一定要正确识别是否是传销，一旦落入传销陷阱，一定要巧妙周旋，适时脱困。

（五）防范性侵犯

相比之下，女生就业更难，易于被诱骗，而且防范能力差，缺乏主见，易于掌控。因此，一些不法之徒更倾向于以女大学生为作案目标，女生在就业时一定要将安全放到第一位，确保人身安全。

（1）前去面试要小心。女生应聘时最好有同学陪同前往，并备有适当的防范器物；对面试场所应有所留意，太封闭、太简陋的地方都不正常；在面试时不要接受对方的饮料或者点心。

（2）发现危险要远离。面试时，面试官说话轻浮，态度暧昧不清，眼神不正常都是危险

的前兆，有不安全或者异常的感觉时应以某种借口迅速离开面试现场。

（3）反对态度要鲜明。不少犯罪分子往往采取的策略是先以言语试探对方的反应，如果发现对方胆怯害怕、没有过激的反对，就会变本加厉。因此，求职中的女生应该明确自己的立场，不妥协退让，向对方表明自己对此事的反感或拒绝，并加强自身的法律意识。另外，做到自尊自爱也是十分必要的。

第四节　就业创业安全

导入

在一次校外的人才招聘会上，大学生李茉莉将自己的简历投给了一家房地产公司，该公司一位副总经理在与李茉莉交谈后表示对她很满意，希望能当场签订合同。对方承诺，岗位是经理助理，上班后有住房，月薪在3000元以上。一听对方开出的条件，李茉莉当即表示同意。当对方将一份早已打印好的合同递给李茉莉时，兴奋激动的她草草浏览了一下：合同格式很规范，条文也很专业，双方的权利、义务似乎也规定得很清楚。几乎是不假思索的，李茉莉在合同上签下了自己的姓名。进了公司后，李茉莉才知道所谓"经理助理"就是"销售员"，工资实行"上不封顶下不保底"的政策，与销售额直接挂钩；销售部有10几名销售员，只有一位业绩非常突出的销售员曾拿过3000多元的月工资，而公司提供的所谓"住房"其实是一间20多平方米的破旧仓库，而且是10个人挤在一起。一怒之下，李茉莉找到招聘的副总经理讨说法。对方阴沉着脸找出当初与她签订的合同，在待遇条款里只写着"工资待遇高，公司提供住宿"的字样。另外合同规定，聘用期为3年，应聘方如毁约，违约金为每年5000元。也就是说，如果李茉莉要求解除合同，必须向公司交纳1.5万元违约金。

思考讨论
1. 李茉莉在就业过程中，哪些方面做得不好？
2. 如果你是李茉莉，你会用法律武器维护自己的合法权益吗？

一、就业与创业

就业的含义是指在法定年龄内的劳动者所从事的为获取报酬而进行的务工劳动。

就业界定：一是就业条件，指在法定劳动年龄内；二是工资条件，指获得一定的工资；三是时间条件，即每周工作时间的长度。

创业是创业者及创业搭档对他们拥有的资源或通过努力对能够拥有的资源进行优化整合，从而创造出更大经济或社会价值的过程。创业是一种需要创业者及其创业搭档组织经营管理，运用服务、技术、器物作业进行思考、推理和判断的行为。

二、就业陷阱防范

（一）入职与签订劳动合同

1. 熟悉用人单位的规章制度

用人单位的规章制度是用人单位制定的组织劳动过程和进行劳动管理的规则与制度的总和，也称为内部劳动规则，是企业内部的"法律"。好的规章制度，能使企业经营有序，增强企业的竞争实力；能使员工行为合规合矩，提高管理效率。

熟悉规章制度，有助于我们更快、更有效地融入到用人单位的文化中，真正成为其中的一员。

2. 确定劳动条件、劳动报酬

劳动条件指劳动者在劳动过程中所必需的物质设备条件，如有一定空间和阳光的厂房，配备通风和除尘装置、安全和调温设备及卫生设施等。

劳动报酬是劳动者付出体力或脑力劳动所得的对价，主要包括工资、社保、住房公积金等，体现的是劳动者创造的社会价值。

明确劳动条件和劳动报酬是指明确我们在劳动过程中，处于怎样的环境、操作什么样的设备、付出怎样的劳动形式、获取怎样的工资待遇等。明确劳动条件和劳动报酬有助于我们对自己的劳动形式有明确的定位，对所获得的报酬有明确的期望。

3. 签订劳动合同

劳动合同文本可以由用人单位提供，也可以由用人单位与劳动者共同拟订。由用人单位提供的合同文本，应当遵循公平原则，不得损害劳动者的合法权益。劳动合同应当用中文书写，也可以同时用外文书写，双方当事人另有约定的，从其约定。同时用中、外文书写的劳动合同文本，内容不一致的，以中文劳动合同文本为准。劳动合同一式两份，当事人各执一份。

劳动合同应当具备以下条款：劳动合同期限、工作内容、劳动保护和劳动条件、劳动报酬、劳动纪律、劳动合同终止的条件、违反劳动合同的责任。劳动合同除这些必备条款外，当事人可以协商约定其他内容。

用人单位有权了解劳动者健康状况、知识技能和工作经历等情况，劳动者有权了解用人单位相关的规章制度、劳动条件、劳动报酬等情况，在双方了解后可签订劳动合同。

（二）试用期与实习期

试用期是指包括在劳动合同期限内，用人单位对劳动者是否合格进行考核，劳动者对用人单位是否符合自己要求也进行考核的期限，这是一种双方双向选择的表现。

实习期则指在校学生通过参加工作，提高其自身价值的时间或过程，属于学校教育范围。学生在实习期与实习单位并不成立劳动关系，因此不受劳动法保护。

有的用人单位为了规避法律，约定试岗、适应期、实习期，这些都是变相的试用期，其目的无非是为了将劳动者的待遇下调，方便解除劳动合同。

用人单位滥用试用期的另一个表现是试用期间付给劳动者的薪金待遇低。实践中，试用期劳动者薪金待遇低的现象非常普遍，很多用人单位视试用人员为廉价劳动力，任意压低基本薪水，甚至不给工资。还有一些单位，硬性规定在试用期间一切意外伤害不列入工作范围。这也是用人单位热衷于约定试用期的重要原因之一。对试用期内工资待遇较低的问题，社会反响非常强烈。因此，作为一名劳动者，我们应熟悉相关法律法规。

（三）证件

身份证是公民个人身份的合法凭证，在生活中起到不可替代的重要作用。求职期间，毕业生尤其要妥善保管证件，不轻易外借或抵押，以防被别有用心的人利用。尤其要防止证件落入到不法分子的手中，而毕业证一旦丢失则不予补办（学校只能开具毕业证明），将给毕业生今后的学习、工作与生活带来重大损失。国家劳动部门明确规定：任何企业在招聘员工时，都不得以求职者的身份证、毕业证等作抵押。

（四）人身安全

学生由于缺乏对社会的了解，缺乏自我保护能力，因此刚参加工作时，存在较大安全风险。这些风险主要包括机床、电气或其他设备的安全操作、出差时住宿与交通潜在危险、烈酒的危害、人与人之间的信任等。

女生在实习求职期间，还可能面临性侵害和性骚扰风险。据资料显示，职场性侵害和性骚扰已成为女性侵害热点问题之一，女生在求职期间如遇到类似情况，要敢于对性侵害和性骚扰说不，主动避免性侵害和性骚扰，要运用已学到的安全知识和法律保护自己，严词拒绝态度要明确。对于男性初次性侵害和性骚扰的应明确拒绝，不贪、不信。若不幸发生侵害和骚扰，则应注意收集相关人证、物证为维权做准备。具体收集以下 3 点内容证据。

（1）人证：注意收集、记载侵害人的时间、地点和相关人员的特征等。
（2）物证：注意收集、记载骚扰短信、电子邮件等证据。
（3）其他材料：若长期被侵害和骚扰，则应携带录音和摄像设备取证，将通信内容、现场录像的内容反映到有关部门或警告侵害者，让他感受到法律的威严，停止侵害和骚扰。

三、创业风险防范

案例

23 岁的李小舒是"某科技发展有限公司"的创办人，就读电子商务专业毕业后，和许多大学毕业生一样，他跑过招聘会、托过家人找工作。后来虽然有一份不错的工作，但他却选择了辞职，他想在自己的专业上有所发展。很快，李小舒和同学、朋友等 8 人筹资 7.8 万元，开始创办自己的公司。公司主营域名注册、网站建设开发等项目，并成为一种环保防水手电的山东总代理。公司先后招聘了 20 多名员工，而且大多数都是在校大学生，他们代理的产品也在不断地拓宽市场。但是经营公司和上学完全是两回事，短短几天时间，李小舒就感到了压力，而且当初承诺办理公司注册手续的代理公司在拿了他1万元后杳无音信，一时资金短缺成了这家刚刚起步公司的绊脚石。李小舒一连几天没有吃顿饱饭，他拖着疲惫的身体跑学校、跑银行，但是没能贷到款，"原因很简单，现在我没有房子、汽车做抵押，也没公司为我做担保。"在这个困境中，李小舒做出了一个决定，通知媒体，召开记者招待会让公司"破产"。其实，由于注册一直没办下来，因此从严格意义上来讲，李小舒的公司还未成立便告夭折。

思考：李小舒创业失败的原因是什么？

（一）明确创业风险

创业本身是一种高风险的活动，多数学生由于长时间的校园生活，缺乏社会经验，导致在校园获取的知识较单一，缺乏市场运营和企业管理的相关知识及操作经验，因此创业的成功率非常低。大学生创业除了要有激情、勇气、经验和资金扶持外，更需要有理性的辨别思考和法律意识，时刻警惕在创业过程中会遇到的各种各样的风险。

这些风险包括违法经营、合同纠纷、侵权纠纷、知识产权纠纷、劳动关系纠纷、票据纠纷、不正当竞争、产品质量问题等，有时法律风险甚至会大于市场本身带来的风险。不少学生在创业过程中因为缺乏法律意识和足够的法律知识技能，导致法律纠纷频繁甚至违法犯罪，损害了商业信誉，导致企业资金链断裂，企业组织结构解散或者陷入旷日持久的诉讼，严重影响企业经营甚至直接导致创业失败。

（二）明确创业方向

创业要做什么，必须先了解自己有什么能力、有什么优势，很多人创业失败的原因就是没有从现有资源（能力、资金、人脉等）出发，而是去选择了一个根本不可能完成的任务。创业之初可以静心分析一下自己的优势，盘点一下自己的各种资源与承担风险的能力。选对行业是迈开成功创业的第一步，在审视行业时，要做足功课，深入开展市场调研，眼光要向前看，要看未来几年发展什么好，什么不好，不可盲目跟风、赶潮流。比如这几年视频网站很火，大家都一股脑全部去做视频了，如果进行调研就可以掌握更全面的信息，知道现在有多少视频网站在亏钱，将行业发展的情况与自身的优势和资源做比较，理性判断这个行业是否值得投入。对于大学生而言，传统行业，需要大量资金、人际关系，很多行业已经是夕阳产业，尤其是当一个产业或者一个项目关注的人太多的时候，其实往往是对我们最不利的，因为学生没有足够的优势、资源去参与竞争。可以尽量去选择一些新兴行业、朝阳行业，或尽量去选择自己熟悉和感兴趣的行业。

（三）积累创业经验

在创业之初应尽量去找与自己相同或相通的行业进行实践学习，多方面给自己创造学习的机会，尽量从小做起，从基层做起，掌握行业规律，增加经验和资产。创业者在起步阶段遇到的很多问题都是缺少资金，在无法短期迅速解决资金短缺的情况下，就要尽量地学会调动更多的资产，如人脉资产、思维资产。缺少资金时，小本起家的创业者可以选择市场大且容易进入的行业。这样的行业没有太高的门槛，初创者会有较高的成功概率。大学生刚刚创业或者出去工作时，应该多注重累积资产，包括专业知识、管理能力、社会关系等，积累得多了，创业实现起来就很容易了。

（四）掌握法律知识

大学生创业不可避免地要参与市场竞争，参与市场竞争就必须遵守游戏规则。市场经济就是法制经济，在市场经济条件下，很多市场游戏规则已经被国家机关确认为法律法规。任何人的创业行为和任何企业的经营行为都必须得到法律的认可，法律才能依法给予有效的保护。所以大学生创业者应该充分掌握法律知识，助推创业成功。

这些法律法规主要包括：

（1）设立企业相关的法律知识。如《公司法》《合伙企业法》等法律，《企业登记管理条例》《公司登记管理条例》等工商管理法规、规章。

（2）出资相关的法律：我国实行法定注册资本制，如果不是以货币资金出资的，而是以实物、知识产权等无形资产或股权、债权等出资，还需要了解有关出资、资产评估等法规规定。

（3）劳动人事方面的法律法规：开办企业需要聘用员工，这其中涉及劳动法和社会保险问题，需要了解劳动合同、试用期、服务期、商业秘密、竞业禁止、工伤、养老保险、住房公积金、医疗保险、失业保险等诸多规定。

（4）知识产权相关的法律法规：需要注意知识产权问题，既不能侵犯别人的知识产权，又要建立自己的知识产权保护体系，需要了解著作权、商标、域名、商号、专利、技术秘密等各自的保护方法。

（5）日常运营中经常需要了解的法律法规：在业务中还要了解《合同法》《担保法》《票据法》等基本民商事法律及行业管理的法律法规。以上只是简单列举创业常用的法律，在企业实际运作中还会遇到大量法律问题。

有关法律法规

《中华人民共和国劳动合同法》第19条规定："劳动合同期限三个月以上不满一年的，试用期不得超过一个月；劳动合同期限一年以上不满三年的，试用期不得超过二个月；三年以上固定期限和无固定期限的劳动合同，试用期不得超过六个月。试用期包含在劳动合同期限内。"

《中华人民共和国劳动合同法》第20条规定："劳动者在试用期的工资不得低于本单位相同岗位最低档工资或者劳动合同约定工资的百分之八十，并不得低于用人单位所在地的最低工资标准。"

《中华人民共和国劳动合同法》第82条规定："用人单位自用工之日起超过一个月不满一年未与劳动者订立书面劳动合同的，应当向劳动者每月支付二倍的工资。用人单位违反本法规定不与劳动者订立无固定期限劳动合同的，自应当订立无固定期限劳动合同之日起向劳动者每月支付二倍的工资。"

小　结

本章通过案例分析、讨论总结等方式介绍了工作安全，包括社会实践、校外实习、求职、就业创业可能存在的风险以及需要注意的安全事项。

自我拓展练习

2021年1月24日6时许，广东省佛山市110接警称：高明区某公寓房间内，一名女子酒后昏迷不醒，需要救护车救助。辖区派出所民警和医护人员迅速到场处置。经医生确认，该女子已死亡，警方随即介入调查。

经查，该女子陈某梅（23岁）与报警男子彭某（39岁），同为某建筑工程公司资料室员工，陈某梅于2020年年底入职。1月23日22时许，彭某与陈某梅一起吃宵夜，随后两人前往卡拉OK唱歌喝酒；次日凌晨2时许，两人入住某公寓同一房间；6时许，彭某电话报警。

警方通过现场勘查、走访调查，结合第三方机构法医鉴定意见，发现彭某有重大作案嫌疑，已将其刑事拘留。同时，相关各方积极开展善后工作。

目前，案件仍在进一步调查中。

思考讨论

1. 如果当时你是陈某梅，你会怎么做？
2. 工作中有可能存在哪些方面的安全风险，如何防范？女生尤其需要注意哪些方面？

第九章　自然灾害安全——居安思危，有备无患

导读

自然灾害是人类依赖的自然界中所发生的异常现象，自然灾害对人类社会造成的危害往往是触目惊心的。以目前的科学技术水平和能力，人们还无法阻止自然灾害的发生，也无法抵御自然灾害的破坏，但是完全可以根据自然灾害发生的规律和特点，采取积极有效的措施，尽量地减少损失。本章主要介绍关于在地震、海啸、山崩、滑坡、泥石流、雷电、洪涝、冰雹、大风、雾霾、沙尘暴等自然灾害下如何预防、应对及逃生。

学习目标

知识与技能目标：了解各类常见灾害的应对和避险知识，提高自我保护、自我救助和相互救援的能力。

过程与方法目标：学生通过本部分的学习，提高安全意识，愿意自觉去学习自然灾害的有关知识，在学习中增强与同学的合作交流意识。

情感、态度与价值观目标：通过学习有关安全知识，学生自觉树立自护、自救观念，形成自护、自救的意识，做到安全、健康成长。

学习重点：认识到自然灾害的严重性，增强自我保护意识，学会自救的方法。

学习难点：学生懂得如何规避自然灾害的影响，并实现自我保护。

第九章　自然灾害安全——居安思危，有备无患

第一节　地震、火山、海啸

导入

　　汶川大地震发生于北京时间2008年5月12日（星期一）14时28分04秒，根据我国地震局的数据，此次地震强度为里氏8.0级，波及大半个中国及亚洲多个国家和地区。

　　"5·12"汶川大地震严重破坏地区超过10万平方千米，其中极重灾区10个县（市），较重灾区41个县（市），一般灾区186个县（市）。"5·12"汶川大地震是中华人民共和国成立以来破坏力最大的地震，也是继唐山大地震后伤亡最严重的一次地震。

　　经国务院批准，自2009年起，每年5月12日为全国"防灾减灾日"。

思考讨论：
地震能否预测、预防？

【视频9-1 地震后如何急救】

一、地震

　　地震是地球上所有自然灾害中给人类社会造成损失最大的一种地质灾害。破坏性地震有时会突然来临，大地震动、地裂房塌，甚至摧毁整座城市，并且在地震之后，火灾、水灾、瘟疫等严重次生灾害更是让人类雪上加霜，给人类带来极大的灾难。

　　对于地震灾害，目前还不能准确地做出预报，但长期的观察和研究表明，地震前会出现一些征兆，能够提醒人们提高警惕。

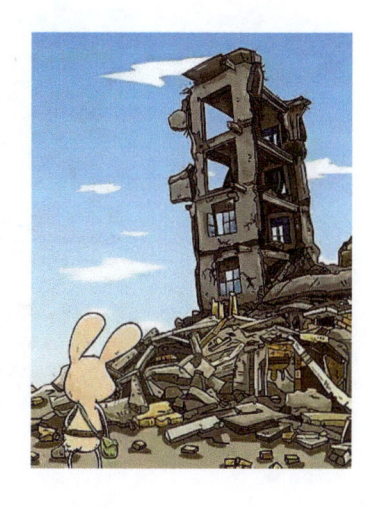

(一)地震发生前的征兆

地震前,在自然界发生的与地震有关的异常现象,称为地震前兆。常见的地震前兆有以下几个方面。

1. 地下水异常

主要异常有井水、泉水等发浑、冒泡、翻花、升温、变色、变味、突升、突降、井孔变形,井水由苦变甜或者由甜变苦,泉源突然枯竭或涌出等。人们总结了震前井水变化的谚语:"井水是个宝,地震有前兆。无雨泉水浑,天干井水冒。水位升降大,翻花冒气泡。有的变颜色,有的变味道。"

2. 动物行为异常

很多动物的某些器官感觉非常灵敏,它能比人类提前知道灾害事件的发生。

(1)穴居动物。如老鼠、蛇等在震前的异常行为有:冬眠期间大量出洞;活动规律反常,成群结队,长距离迁徙;惊叫、惊慌,或呆痴不怕人,情绪烦躁等。

(2)水栖动物。如河中、水库、池中的鱼类、青蛙等在震前较为普遍的异常行为有:浮于水面、翻腾跳跃、打旋、昏迷不动、活动规律突变等。

(3)地面动物。如马、牛、猪、狗、猫等在震前的异常行为有:不进食、不进窝圈、闹圈、越栏外逃、不听主人使唤、异乎寻常地怪叫、惶恐不安、萎靡不振、卧地不起等。

(4)飞行动物。如鸡、鸭、鹅、鸽子和鸟类、昆虫等在震前的异常行为有:不符合常规的惊飞、惊叫、不进窝、不回巢,或在笼子里乱飞乱撞,改变栖息方式或呆滞无神。

3. 出现地光和地声

临震前的很短时间里,大地会突然发出彩色的或强烈的光,形状不同,颜色各异,称为地光。还可能发出轰隆隆的或像列车通过或像打雷般的巨响,称为地声。

📝 案例1

1990年10月20日,景泰地震的前一天,景泰县正路乡上坝村有一口水井水位下降,用原先打水的绳子打不上水;景泰县下响村全村的狗成群结队地往山上跑,对天狂叫,震前一两天骡马不进圈,震前一两个小时,正在打场、拉车的马惊叫着跑了;还有群众发现,山上新墩湾、下响、张家庄一线山脊上,出现了约8千米长的乳白色光带。但这些有用的信息没有及时汇报到有关地震部门,因而失去了一次预报地震的良机。

📖 知识窗

震前动物征兆歌谣

震前动物有预兆,群测群防很重要。
牛羊骡马不进圈,猪不贪吃狗乱咬。
鸭不下水岸上闹,鸡飞上树高声叫。
冰天雪地蛇出洞,大猫衔着小猫跑。
兔子竖耳蹦又撞,鱼跃水面惶惶跳。
蜜蜂群迁闹哄哄,鸽子惊飞不回巢。
家家户户都观察,综合异常作预报。

4. 植物异常

有些植物在震前也有异常反应,如不适季节的发芽、开花、结果或大面积枯萎与异常繁茂等。

5. 电磁异常

电磁异常是指地震前家用电器,如收音机、电视机、日光灯等出现的异常。最为常见的电磁异常是收音机失灵,在北方地区,日光灯在震前自明也较为常见。

📝 案例2

1976年年初唐山一带的梨树及其他许多植物都提前开花,甚至开两次花,还有竹子开花、柳树枯梢、果树带果开花等现象;唐山里氏7.8级地震前几天,唐山及其邻区很多收音机失灵,声音忽大忽小,时有时无,调频不准,有时连续出现噪音。唐山市内有人见到关闭的荧光灯夜间先发红后亮起来,有人睡前关闭了日光灯,但醒来后灯仍亮着不息。

一旦发现异常的自然现象,不要轻易做出马上要发生地震的结论,更不要惊慌失措,而应当弄清异常现象出现的时间、地点和有关情况,保护好现场,向政府或地震部门报告,让地震部门的专业人员调查核实,弄清事情真相。

(二)地震发生时的求救及逃生方法

📝 案例3

四川安县桑枣中学是一所初级中学,在绵阳周边非常有名。学校因教学质量高,周围家长都拼命把孩子往里送,每个班有 80 多名学生,最前排的学生几乎坐在老师的下巴前。从 2005 年开始,该校每学期都会在全校组织一次紧急疏散演习。演习前,学校会事先告知学生本周有演习,但不知道具体是哪一天。等到特定的一天,课间操或者学生休息时,学校会突然用高音喇叭喊:全校紧急疏散!刚开始实行紧急疏散演习时,学生当是娱乐,除了觉得好玩外,还认为多此一举,有反对意见,但校长坚持。后来,学生和老师都习惯了,每次疏散都井然有序。由于平时的多次演习,汶川大地震发生时,全校师生按照平时学校的要求行事,从不同的教学楼和不同的教室,全部冲到操场,以班级为单位组织站好,用时 1 分 36 秒。

因在 2008 年"5·12"汶川特大地震中确保全校师生安然无恙,叶志平校长被网民誉为"史上最牛校长"。

分析讨论:地震发生时,如果你和同学们正在楼内教室上课,应该如何逃生?

室内较安全的避震空间有:

承重墙墙根、墙角　　有水管和暖气管道等处

(1)地震时,楼房内人员可躲在卫生间等小开间内,直到地震停止。确信出口安全之后才能逃离建筑。随手用物件护住头部和捂住口鼻,以防被砸伤或因泥沙烟尘窒息。未受伤人员应尽快抢救家人和邻居。被压在室内的人员,要尽可能向有空气和水的方向移动,节约食物和水,保持镇静,保存体力,待外面有动静时再大声呼叫或敲击。

(2)封闭在室内的人,不可使用电器、火柴、蜡烛等。最好用手电筒照明,如闻到煤气或有毒气体时,最好用湿衣物等捂住口鼻。正在用火、用电时,要立即灭火和断电,防止烫伤、触电和发生险情。

(3)住在高层楼房里的人员不可使用电梯,不要往窗前及阳台跑,尤其不要跳楼。

(4)正在上课的学生,听从老师的指挥,根据平时的演练,有组织地撤离,不要乱跑擅自离开学校。

(5)在街上的行人,找一处远离建筑物、大树和电线的开阔地,卧倒在地,不要躲在电线、变压器及高大建筑物附近。正在行驶的车辆应紧急停车,并设法停在开阔的地方,车上乘客要抓住座椅或车上牢固器件,不要急于外出。

(6)在野外的人员,应向开阔地或高地坡顶转移,不可往下跑,不可躲在危崖、峡缝处,并时刻提防山崩、滑坡及雪崩、冰塌。

(7)在河边的人员,要迅速撤离,谨防上游海啸和巨浪的袭击。

第九章 自然灾害安全——居安思危，有备无患

避震三字经

地震来，忌外跑，三角地，就近找；家首先，卫生间；次安全，厨房间；第三名，承重墙；第四名，实木（铁制）床。

办公室，君莫忘，最安全，电梯旁，混凝土，有保障；次安全，柱子旁，材质好，承重强；第三名，卫生间；第四名，桌椅旁。不近火，靠近水，若被困，敲管道。

地震发生时，至关重要的是要有清醒的头脑，镇静自若的态度。只有保持镇静，才有可能运用平时学到的防震知识并判断地震的大小和远近。近震常以上下颠开始，之后才左右摇摆。远震却很少有上下颠簸，而以左右摇摆为主，而且声脆，震动小。一般小震和远震不必外逃。

知识窗

地震活命三角区

地震"活命三角区"就是可以构成三角区的空间，发生地震时，尽量去找可以构成三角区的空间去躲避。也可以迅速寻找一个大而坚实的物体，移动并靠近它的一侧，尽量靠下蜷缩自己的身体。

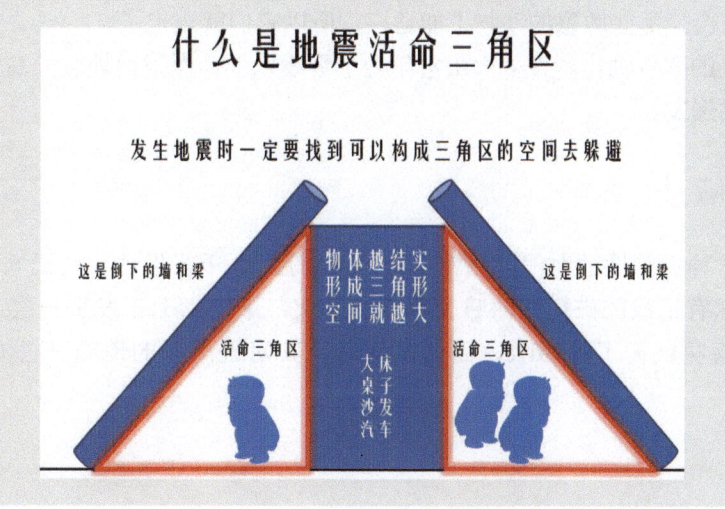

二、火山

火山爆发是一种奇特的地质现象，是地壳运动的一种表现形式，也是地球内部热能在地表的一种最强烈的显示。火山爆发有何预兆呢？

火山爆发来得十分猛烈，身在其中几乎没有幸免于难的可能，但是火山爆发前的预兆是相当明显的，人们可以通过躲避来应对这种灾害。火山爆发可以通过如下方法来判断：

（1）地震。火山活动的过程常造成许多微小地震，大爆发更能引起强烈地震，地震的发生也常导致火山活动，火山活动和地震是一对孪生兄弟。

（2）气味。在火山爆发之前，岩浆早就在地下大量聚集，并且向地表迫近。这时岩浆中的气体和水蒸气有部分先行飘散出来，在这些气味中，有硫磺的蒸气和许多含硫的气体，因此人们通常可以闻到难闻的气味。

（3）银器变黑。硫和银经过化合反应能生成黑色的硫化银，所以火山爆发前银器的表面会变黑。

（4）动物逃跑和死亡。临近大爆发的时刻，飘散出有毒的气体，同时温度很高，它在地下聚集的时候会使那些敏感的动物不能适应，所以它们就逃走了。

（5）山上的冰雪融化。许多火山常年处于雪线以上，爆发前地温升高，冰雪开始融化，预示火山将要爆发。

三、海啸

海啸是一种灾难性的海浪，通常由震源在海底 50 千米以内、里氏 6.5 级以上的海底地震引起。全球有记载的破坏性海啸大约有 260 次，平均六七年发生一次，发生在环太平洋地区的地震海啸就占了约 80%，而日本列岛及其附近海域的地震又占太平洋地震海啸的 60% 左右。

案例 4

北京时间 2011 年 3 月 11 日 13 时 46 分 23 秒，日本东北部海域发生里氏 9.0 级地震并引发海啸，强烈的海啸以每小时 800 千米的速度席卷日本东海岸，最高的海浪达 24 米。约 45 万人被转移至庇护所，房屋被毁，灾民流离失所。在日本"3·11"大地震中确认死亡及失踪的人数超过 21590 人，建筑物的损坏数量为 399923 户。强烈的地震引发了核危机，福岛核电站开始泄露放射性蒸气。

分析讨论：
海啸为什么危害这么大？

（一）海啸及其危害

海啸是由海底地震、火山爆发、海底滑坡或气象变化产生的破坏性海浪，海啸的波速高达每小时 700~800 千米，在几小时内就能横过大洋。

剧烈震动之后不久，巨浪呼啸，以摧枯拉朽之势，越过海岸线，摧毁堤岸，越过田野，淹没陆地，瞬间可以把人和建筑物吞噬。港口所有设施，被震塌的建筑物，在狂涛的洗劫下，被席卷一空。事后，海滩上一片狼藉，到处是残木破板和人畜尸体，尸体不及时清理还会产生病菌，容易引发瘟疫，对人类的生命财产造成严重危害。

（二）海啸的防范

在学校时，要主动听从老师和学校管理人员的指挥，采取相应的行动。

在家里时，应迅速把所有的家庭成员召集起来，撤离到安全的区域，千万不要因为顾及家中的财产损失而丧失了逃生的时间，同时对当地救灾部门的要求要予以积极的响应。

在海岸边感觉到强烈的地震或者长时间的震动时，应该迅速往附近的高地或是其他安全的地方躲避。如果你没有感觉到震动，但是收到了海啸的预报，以防万一，也要立即往附近的高地或是其他安全的地方躲避。通过电视或收音机等通信手段掌握最新的信息，在海啸警报没有解除以前，千万不要靠近海岸。

地震海啸是怎么造成的

地震海啸是因海域发生大地震时海床下沉或隆起引起巨大海浪向四周传播造成的。如2004年12月26日印尼9.1级地震引发海啸，造成近30万人罹难。但是海洋地震并不都会引发海啸，只有满足一定条件的海洋地震才会引发海啸。

知识窗

我国海啸情况

我国位于太平洋西岸，大陆海岸线长达1.8万千米，但由于我国大陆沿海受琉球群岛和东南亚诸国阻挡，加之大陆架宽广，因此越洋海啸进入这一海域后，能量衰减较快，对大陆沿海影响较小。

中华人民共和国成立后，我国近海监测记录到的海啸共有3次：第一次是在1969年7月18日，由发生在渤海中部的7.4级地震引起的海啸，给河北唐山造成一定损失；第二次是1992年1月4日至5日，发生在海南岛南端，榆林验潮站记录到的波高为0.78米，三亚港也出现波高0.5～0.8米的海啸，造成一定损失；第三次是1994年发生在台湾省的海啸，未造成损失。

我国现已建立了海啸预警系统。国家海洋局按照国务院统一部署编制了包括海啸在内的重大海洋灾害应急预案，在海岛和近岸建立了大量的海洋监测站和浮标站，现已基本具备了海啸预警能力。一旦预计沿海受到海啸影响，国家海洋局海洋环境预报中心会立即通过海啸预警系统发布受影响地区的海啸警报，国家将启动海啸应急预案。

第二节　山崩、滑坡、泥石流

导入

2010年8月7日22时许，甘肃省甘南藏族自治州舟曲县城东北部山区突降特大暴雨，引发县城北面的罗家峪、三眼峪等沟系泥石流下泄，由北向南冲向县城，造成沿河房屋被冲毁，泥石流阻断白龙江，形成堰塞湖。泥石流长约5千米，平均宽度300米，平均厚度5米，总体约750万立方米，流经区域被夷为平地，造成重大人员伤亡和财产损失。

分析讨论：
泥石流发生的条件是什么？如何避险？

山崩、滑坡、泥石流是人们面临的最具破坏性的自然灾害之一，多发生在山区和沟谷深邃、地势险峻之地，因暴雨等冲刷而成。山崩、滑坡、泥石流暴发时会带来大量的泥沙石块，破坏力极强，严重影响人们的正常生产和生活。

一、山崩

山崩，是山坡上的岩石、土壤快速、瞬间滑落的现象，泛指组成坡地的物质，受到重力吸引，而产生向下坡移动现象。

暴雨、洪水或地震可以引起山崩；人为活动，例如，伐木和破坏植被，路边陡峭的开凿，在山坡下面挖洞开隧道、开矿等，也能够引起山崩；岩石风化、水蚀，暴风骤雨侵袭也能引发山崩。而由于山崩，大地也会发生地震。

山崩是可以预防的。只要不随意挖洞、开矿，并采取措施，如在山上广泛地植树造林，对一些容易发生山崩的陡坡和危岩及早采取预防措施，可以减少山崩灾害。

二、山体滑坡

山体滑坡是一种很严重的地质灾害，尤其是当土质层较松的区域发生暴雨时，经过雨水的强烈冲刷，山体变得破碎、松散，极有可能诱发山体滑坡。

（一）滑坡的前兆及其危害

滑坡是指斜坡上的土体或者岩体，受河流冲刷、地下水活动、地震及人工切坡等因素影响，在重力的作用下，沿着一定的软弱面或者软弱带，整体地或者分散地顺坡向下滑动的自然现象，俗称"走山""垮山""地滑""土溜"等。

1. 滑坡的前兆

（1）在山坡中前部出现规律排列的裂缝，并迅速扩展。

（2）在山坡坡脚处，土体突然上隆（凸起）。

（3）建在山坡上的房屋地板、墙壁出现裂缝，墙体歪斜。

（4）在山坡上，干涸的泉水突然复活，或泉水突然干涸、浑浊。

（5）动物惊恐异常，树木枯萎或歪斜等。

2. 滑坡给人类带来的危害

滑坡对乡村最主要的危害是摧毁农田、房舍，伤害人畜，毁坏森林、道路及农业机械设施和水利水电设施等，有时甚至给乡村造成毁灭性灾害。

位于城镇的滑坡常常砸埋房屋，摧毁工厂、学校、机关单位等，并毁坏各种设施，造成停电、停水、停工，有时甚至毁灭整个城镇。

发生在工矿区的滑坡，可摧毁矿山设施，造成职工伤亡等。

（二）滑坡危害的应对措施

在山地环境下，滑坡现象虽然不可避免，但通过采取积极的防御措施，滑坡危害是可以减轻的。

1. 防御滑坡的主要措施

（1）避。加强监测，做好预报，提早组织人员疏散和财产转移。

（2）排。开挖排水和截水沟将地表水引出滑坡区，对滑坡中后部裂缝及时进行回填或封堵处理，防止雨水沿裂隙渗入到滑坡中。

（3）挡。采用抗滑桩、挡土墙、锚索、锚杆等工程对滑坡进行支挡，是滑坡治理中采用最多、见效最快的手段。

（4）减。当滑坡仍在变形滑动时，可以在滑坡后缘拆除危房，清除部分土石，以减轻滑坡的下滑力，提高整体稳定性。

（5）压。当山坡前缘出现地面隆起和推挤时，表明滑坡即将发生。这时应该尽快在前缘堆积砂石压脚，抑制滑坡的继续发展，为财产转移和滑坡的综合治理赢得时间。

（6）固。结合微型桩群对滑带土灌浆，以提高滑带土的强度，增加滑坡自抗滑力。

2. 滑坡发生时的应对措施

（1）当发现可疑的滑坡活动时，在确认自身安全的情况下，应立即向有关部门报告。

（2）当发生滑坡时，要迅速撤离危险区及可能的影响区。当处在滑坡体上时，首先应保持冷静，不能慌乱，因为慌乱不仅浪费时间，而且极有可能做出错误的决定。

（3）要迅速环顾四周，向较为安全的地段撤离。一般除高速滑坡外，只要行动迅速，都有可能逃离危险区段。逃离时，以向两侧跑为最佳方向。在向下滑动的山坡中，向上或向下跑均是很危险的。如滑坡呈整体滑动时，原地不动，或抱住大树等物，不失为一种有效的自救措施。

（4）滑坡时，如果有人员受伤，应立即拨打 120。解除警报前，不得进入滑坡发生危险区。

三、泥石流

我国是多山之国，受岩层断裂等地质构造的影响，许多山体陡峭，岩石结构不稳固，森林覆盖面积不多，遇到季风气候的连阴雨、大暴雨天气，常发生严重的泥石流灾害。黄土高原、天山、昆仑山等山前地带，以及太行山、长白山泥石流危害都很严重。我国的台湾省也经常有泥石流发生。

【视频 9-2 山体滑坡、泥石流来了你该怎么办？】

（一）泥石流及其危害

泥石流是山区沟谷中由暴雨、冰雪融化等水源引发的，含有大量的泥沙、石块的特殊洪流。其特征往往是突然暴发，在很短时间内将大量泥沙、石块冲出沟外，在宽阔的堆积区横冲直撞、漫流堆积，常常给人类生命财产造成重大危害。泥石流的形成必须同时具备三个条件：陡峻的地形地貌、丰富的松散物质和短时间内有大量的水流。

泥石流常常具有暴发突然、来势凶猛、迅速之特点，并兼有崩塌、滑坡和洪水破坏的双重作用，其危害程度往往比单一的滑坡、崩塌和洪水的危害更为广泛和严重。它对人类的危害具体表现在以下4个方面：

（1）对居民的危害。泥石流最常见的危害是冲进乡村、城镇，摧毁房屋、工厂、企事业单位及其他场所、设施，淹没人畜，毁坏土地，甚至造成村毁人亡的灾难。

（2）对公路、铁路的危害。泥石流可直接埋没车站、铁路、公路，摧毁路基、桥涵等设施，致使交通中断，还可引起正在运行的火车、汽车颠覆，造成重大的人员伤亡事故。

（3）对水利、水电工程的危害。泥石流会冲毁水电站、引水渠道及过沟建筑物，淤埋水电站尾水渠，并淤积水库、磨蚀坝面等。

（4）对矿山的危害。泥石流会摧毁矿山及其设施，淤埋矿山坑道、伤害矿山人员、造成停工停产，甚至使矿山报废。

（二）泥石流的预防和避险措施

泥石流会造成重大灾害，因此必须做好预防措施，平时要注意保护生态环境以尽量减少泥石流的发生概率。

1. 预防泥石流的主要措施

（1）选择良好的居住地，建造抗灾能力强的房子。

（2）建设一批预防泥石流的工程设施，例如，护坡、挡墙、顺坝、丁坝、排泄沟、导流堤、急流槽、渡槽、拦沙坝、储淤场及藏流工程等。

（3）植树造林，主要方法是封山育林，停耕还林，固结表土，保持水土，降低泥石流的发生概率与规模。

2. 遭遇泥石流的避险措施

（1）沿山谷徒步行走时，一旦遭遇大雨，要迅速转移到坚固安全的高地，不要在谷底过多停留。

（2）当遇到长时间降雨或暴雨时，要注意观察周围环境，特别要留意是否听到远处山谷传来打雷般的异常声响，如听到要高度警惕，很可能是泥石流将至的征兆。

（3）去山地户外游玩要选择平整的高地作为营地，尽可能避开有滚石和大量堆积物的山坡下面，不要在山谷和河沟底部扎营。

（4）发现泥石流后，要马上与泥石流成垂直方向向两边的山坡上面爬，爬得越高越好，跑得越快越好，绝对不能向泥石流的下游跑。

第三节　雷电、洪涝、冰雹

导入

2016年6月25日下午，海南省儋州市一村庄发生一起雷击事故，一名17岁高中生不幸被雷击身亡。被雷击身亡的少年名叫小文，据小文的爷爷介绍，25日是周末，小文放假在家休息，吃完午饭后，就跟父亲一起回到各自的房间休息。房子一排是三间卧室，父亲睡在中间房的一张木床上，而小文则睡在边上房间的一张不锈钢床上。下午两点半左右，小文屋内突然一声巨响，小文的父亲赶紧跑到小文房间查看，发现小文被雷电击得昏迷不醒。虽然家人拨打了120急救，但小文最终还是不治身亡。

分析讨论：
小文为什么会遭遇雷击？

一、雷电

【视频9-3 雷电的那些事儿】

雷电本身只是一种普通的天气现象，之所以成为灾害，是由于它在瞬间释放的巨大能量对我们的生命财产造成了破坏。雷电灾害按事故类型大致可以分为 5 类，即人员伤亡事故、电子设备受损事故、供电故障事故、火灾爆炸事故、建筑物受损事故，其中以前三者影响最为严重。

（一）雷电的形成及其灾害

雷电是伴有闪电和雷鸣的一种雄伟壮观而又令人生畏的放电现象，常伴有强烈的阵风和暴雨，有时还伴有冰雹和龙卷风。

雷电一般产生于对流发展旺盛的积雨云天气，积雨云顶部一般较高，可达 20 千米，云的上部常有冰晶。冰晶的淞附、水滴的破碎及空气对流等过程，使云中产生电荷。云中电荷的分布较复杂，但总体而言，云的上部以正电荷为主，下部以负电荷为主。因此，云的上、下部分之间形成一个电位差。当电位差达到一定程度后，就会产生放电，这就是常见的闪电现象。

闪电的平均电流是 3 万安，最大电流可达 30 万安。闪电的电压很高，约为 1~10 亿伏。一个中等强度雷暴的功率可达 1000 万瓦，相当于一座小型核电站的输出功率。放电过程中，由于闪电中温度骤增，使空气体积急剧膨胀，从而产生冲击波，导致强烈的雷鸣。带有电荷的冒雷云与地面的突起物接近时，它们之间就发生激烈的放电，在雷电放电地点会出现强烈的闪光和爆炸的袭鸣声。这就是人们见到和听到的电闪雷鸣。

（二）雷击的预防

雷电发生时产生的雷电流是主要的破坏源，其危害有直接雷击、感应雷击和由架空空线引导的侵入雷（如各种照明、电信等设施使用的架空线都可能把雷电引入室内）。另外，从电闪雷鸣的形成和发生过程来看，空旷场地上、建筑物顶上、高大树木下、靠近河湖池沼及潮湿地区是雷击事故多发区，所以应严加防范。预防雷击的方法主要包括：

（1）建筑物上装设避雷装置，即利用避雷装置将雷电流引入大地而消失。

（2）在雷雨时，人不要靠近高压变电室、高压电线和孤立的高楼、电杆、大树、旗杆等，更不要站在空旷的高地上或在大树下躲雨。

（3）在郊区或露天操作时，不要使用金属工具，如铁撬棒等。不要穿潮湿的衣服靠近或站在露天金属商品的货垛上。雷雨天气时在高山顶上不要开手机，更不要打电话。

（4）雨天不要触摸和接近避雷装置的接地导线。雷雨天，在室内应离开照明线、电话线、电视线等线路，以防雷电侵入被其伤害。

（5）打雷下雨时，严禁在山顶或者高丘地带停留，更不能继续蹬往高处观赏雨景；不能在大树下、电线杆附近躲避，也不要行走或站立在空旷的田野里，应尽快躲在低洼处，或尽可能找房屋或干燥的洞穴躲避。

（6）雨天时，不要用金属柄雨伞，摘下金属架眼镜、手表、裤带，若是骑车出行，要尽快离开骑行工具，也应远离其他金属制物体，以免产生导电而被雷电击中。在雷雨天气，不要去江、河、湖边游泳、划船、垂钓等。

（7）电闪雷鸣、风雨交加之时，若在室内休息，应立即关掉室内的电视机、收音机、音响、空调机等电器，以避免产生导电。打雷时，在房间的正中央较为安全，切忌停留在电灯正下面，忌倚靠在柱子、墙壁边、门窗边，以避免在打雷时产生感应电而致意外。

最好躲入一栋装有金属门窗或设有避雷针的建筑物内。一辆金属车身的汽车也是最好的"避雷所"，一旦这些建筑物或汽车被雷击中，它们的金属构架、避雷装置或金属本身会将闪电电流导入地下。

想一想

如果你在野外遇上雷雨天气，应采取什么措施防止被雷击中？

知识窗

个人防雷电的十大要诀

（1）尽量躲入建筑物内，室内门窗要关好。
（2）不宜使用无防雷措施或防雷不足的电器及水龙头。
（3）切勿接触天线、金属门窗、建筑物外墙，远离带电设备。
（4）减少使用电话和手机。
（5）切勿从事水上运动，远离水面及其他空旷场地。
（6）切勿站立于山顶、楼顶上或接近其他导电性高的物体。
（7）切勿处理开口容器盛载的易燃物品。
（8）在旷野时，应远离树木和桅杆。
（9）在空旷场地不宜打伞，不宜把高尔夫球杆等扛在肩上。
（10）不宜开摩托车、骑自行车。

（三）对受伤者的急救方法

若伤者呼吸、心跳已经停止，可以采取如下办法急救：使伤者就地平卧，松解衣扣、腰带等；立即口对口呼吸和胸外心脏按压，坚持到病人苏醒为止；手导引或针刺人中、十宜、涌泉、命门等穴；送医院急救。

若伤者有狂躁不安、痉挛抽搐等精神症状时，还要为其做头部冷敷。对电灼伤的部位，在急救条件下，只需保持干燥或包扎即可。此外，要注意给病人保温。

想一想

建筑物只要安装了避雷针和避雷带就安全了吗？

二、洪涝

洪涝指因大雨、暴雨或持续降雨使低洼地区淹没、渍水的现象。洪涝主要危害农作物生长，造成农作物减产或绝收，破坏农业生产及其他产业的正常发展。其影响是综合的，还会危及人的生命财产安全，影响国家的长治久安等。

中国降水的年际变化和季节变化大，一般雨季集中在七、八两个月，中国是世界上多暴雨的国家之一，这是产生洪涝灾害的主要原因。洪水是形成洪水灾害的直接原因。只有当洪水自然变异强度达到一定标准，才可能出现灾害，主要影响因素有地理位置、气候条件和地形地势。

一到夏天，很多城市会发生严重的洪涝灾害，原因有以下几点：

（1）夏季雨水多。

（2）城市雨水比农村多。城市的"雨岛效应"（城市温度高，上升气流多，雨水多），城区的年降雨量比农村地区高 5%到 10%。

（3）城市地表覆盖多是隔水层，不透水，雨水多了以后排不掉。

（4）虽然有下水道，但是我们的下水道较小，排水有限。

（5）城市地势低，外来洪水容易入侵。城市往往建设在地势低平的地方，导致外来水量多，自然排水不易。

（6）城市预防及应对灾害能力不足，机械排水能力不足。

自古以来，洪涝灾害一直是困扰人类社会发展的自然灾害。中国有文字记载的第一页就是劳动人民和洪水斗争的光辉画卷——大禹治水。时至今日，洪涝依然是对人类影响最大的灾害。以前中国长江连年洪灾给中下游地区带来极大的损失，严重损害了社会经济的健康发展。

三、冰雹

冰雹也叫"雹"，俗称雹子、"霉子"，有的地区叫"冷子"（如徐州市、甘肃省等地），是一种天气现象，在夏季或春夏之交最为常见。它是一些小如绿豆、黄豆，大似栗子、鸡蛋的冰粒。

（一）产生危害

冰雹灾害是由强对流天气系统引起的一种剧烈的气象灾害，它出现的范围虽然较小，时间也比较短促，但来势猛、强度大，并常常伴随着狂风、暴雨等其他天气过程。中国是冰雹灾害频繁发生的国家，冰雹每年都给农业、建筑、通信、电力、交通及人民生命财产带来巨大损失。

许多人在雷暴天气中曾遭遇过冰雹，通常这些冰雹不会超过垒球大小。曾经有80磅（约36.28kg）的冰雹从天空中降落，当它们落在地面上时会分裂成许多小块。最神秘的是天空无云层状态下巨大的冰雹从天垂直下落，曾有许多事件证实飞机机翼遭受冰雹袭击，科学家仍无法解释为什么会出现如此巨大的冰雹。

据有关资料统计，我国每年因冰雹造成的经济损失达几亿元甚至几十亿元。20世纪80年代以来，随着天气雷达、卫星云图接收、计算机和通信传输等先进设备及多种数值预报模式在气象业务中大量使用，大大提高了对冰雹活动的跟踪监测预报能力。

（二）预测防范

冰雹是春夏季节一种对农业生产危害较大的灾害性天气。冰雹出现时，常常伴有大风、剧烈的降温和强雷电现象。一场冰雹袭击，轻者减产，重者绝收。气象台站根据天气图、卫星云图分析和雷达监测，虽能提前做出预报，但准确度仍然不是很理想。经过长期的观察实践，人们总结了一些常见的预测冰雹的经验。

（三）防治措施

中国是世界上人工防雹较早的国家之一。由于我国雹灾严重，所以防雹工作得到了政府的重视和支持。截至2013年，已有许多省建立了长期试验点，并进行了严谨的试验，取得了不少有价值的科研成果。开展人工防雹，使其向人们期望的方向发展，达到减轻灾害的目的。

人工防雹常用的方法有：

（1）用火箭、高炮或飞机直接把碘化银、碘化铅、干冰等催化剂送到云里去。

（2）在地面上把碘化银、碘化铅、干冰等催化剂在积雨云形成以前送到自由大气里，让这些物质在雹云里起雹胚作用，使雹胚增多，冰雹变小。

（3）在地面上向雹云放火箭、打高炮，或在飞机上对雹云放火箭、投炸弹，以破坏对雹云的水分输送。

（4）用火箭、高炮向暖云部分撒凝结核，使云形成降水，以减少云中的水分；在冷云部分撒冰核，以抑制雹胚增长。

农业生产常用方法有：

（1）在多雹地带，种植牧草和树木，增加森林面积，改善地貌环境，破坏雹云条件，达到减少雹灾目的。

（2）增种抗雹和恢复能力强的农作物。

（3）成熟的作物及时抢收。

（4）多雹灾地区降雹季节，农民下地随身携带防雹工具，如竹篮、柳条筐等，以减少人身伤亡。

第四节　大风、雾霾、沙尘暴

大风会对人类的生命财产和经济建设及国防建设等造成直接或间接的损害。其中龙卷风、台风是自然灾害中最为频繁而又严重的灾害，会造成巨大的经济损失和人员伤亡。

一、龙卷风

龙卷风是从强对流积雨云中伸向地面的一种小

范围强烈旋风，常会卷倒房屋，吹折电线杆，甚至把人、畜和杂物吸卷到空中，带往他处。

在龙卷风出现前，天气特别闷热潮湿，人感到沉重压抑。

大气中层空气干冷，形成强烈的潜在不稳定因素。

龙卷风来临怎么办？

（1）在家里，切断电源，远离门、窗和房屋的外围墙壁，躲到与龙卷风方向相反的墙壁或小房间内抱头蹲下，尽量避免使用电话；用床垫或毯子罩在身上以免被砸伤；最安全的躲藏地点是地下室或半地下室。

（2）在街上，就近进入混凝土建筑底层，远离大树、电线杆或简易房屋等。

（3）在旷野里，朝与龙卷风前进路线垂直的方向快跑；来不及逃离的，要迅速找到低洼地趴下，脸朝下，闭嘴、闭眼，用双手、双臂保护住头部。

（4）发生龙卷风时，不要待在露天楼顶，不要开车躲避，也不要在汽车中躲避。

二、台风

我们所说的"台风"，术语称"热带气旋"，通常指发生在热带地区急速旋转的低压涡旋，常常伴随着强烈的天气变化，如狂风、暴雨、巨浪、风暴潮和龙卷风等。

台风来临怎么办？

在家里：

（1）备好应急物品包括手电筒、收音机（带电池）、食物、饮用水、常用药品、防寒衣物等。

（2）关好门窗加固。玻璃窗可用胶带粘好防止玻璃破碎后飞到别处。

（3）防止室内积水，可在门口安放挡水板或堆砌土坎。

（4）检查电路、炉火、煤气，确保安全。

（5）将养在室外的动植物及其他物品移至室内。室外易被吹动的物品要加固。

（6）清理排水管道。

（7）住在低洼地区和危房中的人员要转移到安全住所。

（8）尽量不要安排外出活动。

在街上：尽快抵达安全地点。

台风过境时怎么办？

在家里：

（1）切断电源。
（2）尽量避免使用电话。
（3）未收到台风离开的报告前，即使出现短暂的平息仍须保持警戒。
（4）如果无法撤离至安全场所，可就近选择在空间较小的室内（如壁橱、厕所等）躲避，或者躺在桌子等坚固物体下。
（5）在高层建筑的人员应撤至底层。

在街上：
（1）远离不安全的建筑物。
（2）远离大树。
（3）宜躲在低洼的地方。
（4）向风移动相反或垂直的地方跑，跑不掉就趴在低洼避风的地方。

台风过境后如何急救？
（1）抢救伤员。保持室内空气流通，注意保暖；不要给昏迷者喂流食；必要时施行人工呼吸。
（2）保持健康。不要过度劳累，多喝干净的水。
（3）注意饮食。清理残骸时戴胶皮手套，穿胶皮靴并使用木棍，注意卫生，用肥皂和净水洗手。
（4）注意安全。当心被冲毁的路面、损坏的建筑、污水、燃气、碎玻璃、损坏的电线及湿滑的地面等；小心虫、蛇；不要进入结构损坏严重或发生煤气泄漏的房屋。
（5）向当地有关部门报告健康及安全问题，包括化学物品泄漏、电力系统瘫痪、道路毁坏、燃气管道损坏及生命损失等。

【视频9-4 雾和霾不是一码事】

三、大雾与雾霾

当水平能见度小于500米时，习惯上称为大雾或浓雾天气。大雾天气给城市交通运输带来严重影响。

如何应对大雾天气？
（1）注意收听天气预报。
（2）尽量不要外出，必须外出时要戴口罩。
（3）骑自行车要减速慢行，听从交警指挥。

(4)车船要保持秩序,不要拥挤或滞留在渡口。

温馨提示:不要在大雾中进行体育锻炼,如跑步等。

雾霾是特定气候条件与人类活动相互作用的结果。高密度人口的经济及社会活动必然会排放大量细颗粒物(PM 2.5),一旦排放超过大气循环能力和承载度,细颗粒物浓度将持续积聚,此时如果受静稳天气等影响,极易出现大范围的雾霾。

(一)雾霾对人体产生的危害

(1)对呼吸系统的影响。

霾的组成成分非常复杂,包括数百种大气化学颗粒物质。其中危害健康的主要是直径小于10微米的气溶胶粒子,如矿物颗粒物、海盐、硫酸盐、硝酸盐、有机气溶胶粒子、燃料和汽车废气等,它能直接进入并黏附在人体呼吸道和肺泡中。尤其是亚微米粒子会分别沉积于上、下呼吸道和肺泡中,引起急性鼻炎和急性支气管炎等病症。对于支气管哮喘、慢性支气管炎、阻塞性肺气肿和慢性阻塞性肺疾病等慢性呼吸系统疾病患者,雾霾天气可使病情急性发作或急性加重。如果长期处于这种环境还会诱发肺癌。

(2)对心血管系统的影响。

雾霾天对人体心脑血管疾病的影响也很严重,会阻碍正常的血液循环,导致心血管病、高血压、冠心病、脑溢血,可能诱发心绞痛、心肌梗塞、心力衰竭等,使慢性支气管炎出现肺源性心脏病等。

另外,浓雾天,气压比较低,人会产生一种烦躁的感觉,血压自然会有所升高。雾天往往气温较低,一些高血压、冠心病患者从温暖的室内突然走到寒冷的室外,血管热胀冷缩,也可使血压升高,导致中风、心肌梗塞的发生。所以心脑血病患者一定要按时服药,小心应对。

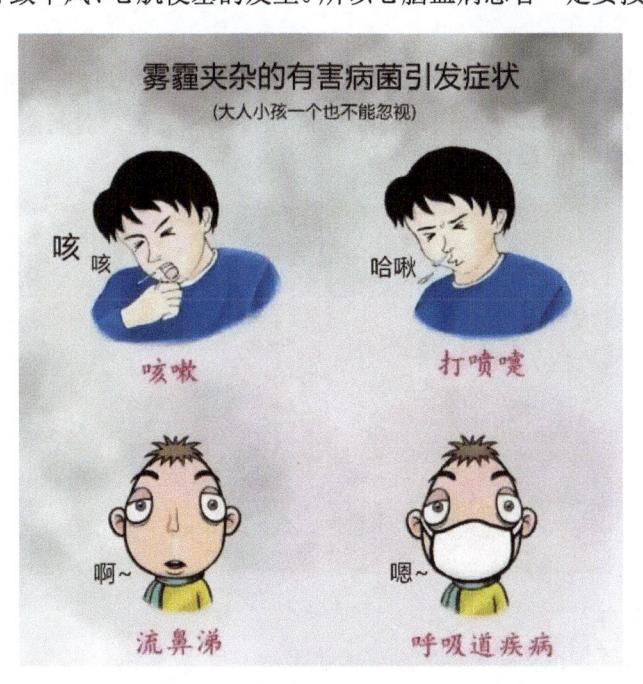

(3)雾霾天气还可导致近地层紫外线的减弱,使空气中的传染性病菌的活性增强,传染病增多。

（4）不利于儿童成长。由于雾天日照减少，儿童紫外线照射不足，体内维生素 D 生成不足，对钙的吸收大大减少，严重的会引起婴儿佝偻病，或导致儿童生长减慢。

（5）影响心理健康。专家指出，持续大雾天对人的心理和身体都有影响，从心理上说，大雾天会给人造成沉闷、压抑的感受，会刺激或者加剧心理抑郁的状态。此外，由于雾天光线较弱及导致的低气压，有些人在雾天会产生精神懒散、情绪低落的现象。

（6）影响生殖能力。

（二）雾霾的预防措施

（1）雾霾天气少开窗。
（2）外出戴口罩。
（3）多喝茶。
（4）适量补充维生素 D。
（5）饮食清淡多喝水。
（6）多吃蔬菜。
（7）在雾霾天气尽量减少出门。
（8）出门时，做好自我防护，佩戴专门防霾的 PM2.5 口罩、防霾鼻罩，过滤 PM2.5，随时随地呼吸新鲜空气。
（9）避免雾天锻炼。可以改在太阳出来后再晨练，也可以改为室内锻炼。

温馨提示：不要购买露天食品；骑车、开车要减速慢行，远离树木和广告牌。

四、沙尘暴

强风将本地或外地地面的尘沙吹到空中，使水平能见度小于 1 千米的天气现象叫作沙尘暴，多发于我国北方春季。沙尘暴出现时空气混浊，一片黄色，对航空、交通运输及牧业生产影响很大，并危害人们的健康。

遇到沙尘暴怎么办？
（1）注意收听天气预报。
（2）出门戴口罩、纱巾等。
（3）关好门窗，屋外搭建物要紧固。

（4）多喝水，吃清淡食物。
（5）尽量减少外出，暂停户外活动，尽可能停留在安全的地方。

案例

2018年4月，某市建筑工程公司民工想抄近路徒步前往工地，进入了内蒙古额济纳境内的巴丹吉林沙漠。到了晚上，当地出现沙尘暴，2名民工在沙尘暴中身亡。

[点评]在戈壁、荒漠遭遇沙尘暴，千万不要跑到沙丘后面躲避。应该在沙尘暴来临之前停止前进，记住或做好前进方向的标志，背向风暴或伏在地上。

活动演练

地震逃生演练

一、演练目的

通过紧急疏散演练，进一步强化师生的安全意识，让学生学到安全防护知识，达到有事不慌、处变不惊、积极应对、自我保护的目的，提高抗击突发事件的应变能力。

二、演练组织机构

总指挥：校长　　　副总指挥：副校长

现场指挥：德育主任

疏散引导人员：辅导员（或班主任）、跟班教师和楼层负责老师。

三、演练时间、地点和对象

××××年×月×日上午课间操时间，全体师生参加。

四、演练原则

安全第一，确保有序；责任明确，落实细节。

五、工作小组

1. 疏散引导小组（各辅导员和任课教师）

（1）演习前清点学生人数，强调安全注意事项。

（2）带领学生撤离，任课教师在先，辅导员在后。

（3）到达安全场地后清点学生人数并上报总指挥。

2. 宣传小组

负责活动现场拍照和活动宣传报道。

3. 救护小组

具体负责疏散演练过程中发生的意外事故的应急救护。

4. 应急疏散小组

总负责人：负责将从楼梯撤出来的学生安置到安全位置。

各楼层负责人：负责学生撤离教学楼的接应疏散及楼道安全。

5. 计时小组

负责整个活动的计时工作，并报告总指挥。

六、撤离疏散及安全管理

1. 参加演练的全体师生在听到疏散命令后，按照拟定的计划和路线迅速撤离。

2. 从楼内撤离出的学生，以班级为单位有组织地按升旗队形在操场集合，辅导员及跟班教师组织学生站好队，清点人数并向总指挥汇报。

七、疏散演练活动过程

1. 现场指挥宣读地震疏散演练方案、地震逃生方法介绍。

2. 宣传小组利用广播进行播报："请注意，学校发生紧急情况。同学们听到警报后不要慌乱，听从指挥，有序撤离教室，在辅导员和跟班教师带领下按平时做操上下楼路线就近安全撤离。"

3. 紧急疏散

（1）在各层疏散引导教师、辅导员、跟班教师带领下，按预定路线有序疏散，撤离到操场。

（2）各辅导员清点疏散人数，如发现少人，迅速与总指挥联系，如发现有同学受伤，立即与现场救护小组联系，并展开紧急救护。

（3）各区域负责人向总指挥汇报、沟通疏散情况。

4. 计时员向总指挥汇报时间。

5. 总指挥做总结。

八、紧急疏散演练注意事项

1. 消防疏散演练师生基本要求

（1）保持镇静，做出正确的判断，行动迅速。

（2）学会自我保护，撤离中严防绊倒、碰撞。

（3）服从指挥，按预定顺序、线路撤离。

（4）到达安全地带，以班级为单位集中，由教师清点人数，向有关领导报告情况。

2. 学生注意事项

（1）有特殊疾病不能参加演练的同学，提前告知辅导员。

（2）接到疏散命令后，要沉着冷静，听从指挥，撤离时动作要快，严禁争先恐后，推拉他人。遇到障碍，最前面的同学要设法快速排除障碍，保证后面的同学顺利撤离。

（3）如有学生跌倒，后面的一、二名学生应快速将其扶起后继续撤离，其他同学要绕行，不要围观、拥挤，更不准往上压。

（4）在清查人数时，如果发现人数不齐，不要回原处寻找，应立即报告老师，由老师向有关领导汇报后处理。

九、疏散演练后的总结和评价

演练结束后，各班级迅速将演练过程中出现的问题向总指挥汇报，总指挥汇总后，进行集体点评，并提出改进措施。

学生每人写出个人总结，找出自己存在的问题和不足，以班为单位由辅导员或班主任组织进行总结点评，评出表现好的优秀个人，对存在的问题和不足提出改进措施。

小　　结

本章讨论了地震、泥石流、洪涝、雷击及大风等灾害的危害性，以及这些灾害形成的原因，并特别说明了同学们在遇到这些意外情况时，该如何预防。因此在这里我们总结以下几条经验：第一，当遇到这些突发情况时，首先要保持镇定，不要慌张；第二，遇到这些突发情况时，应及时报告给老师和学校；第三，学校值班人员和保安人员应当在学校进行不断巡视，若发现突发情况，应立即向值班主管和单位领导报告，启动应急程序；第四，发现有人员受伤的，应立即组织人员进行救护或拨打 120 送往医院。更需要强调的是，自然灾害并不可怕。同学们如果在平时多学习一些安全知识，多重视安全教育，从我做起，做到安全意识在我心，这样我们的校园将会更文明、更和谐、更安全。

自我拓展练习

1. 地震来临前有哪些征兆？
2. 地震发生时如果你正在寝室休息，应当怎样避险？
3. 海啸来临时，如果你正在海边度假，你将怎样逃生？
4. 海啸发生时，如何逃生自救和互救？
5. 地震发生时，最好的躲避方法是（　　）。
   A. 跳楼躲避　　　　　　　　　　B. 躲避到阳台、窗户下面
   C. 躲避到厕所、厨房、承重墙的墙根下
6. 火山爆发有哪些预兆？
7. 泥石流和滑坡有什么异同？
8. 遭遇滑坡时如何逃生与自救？

第十章 自救与求助——出入相伴，守望相助

导读

我们在户外旅游、娱乐活动、校园生活中难免会遇到一些突发情况，比如说摔伤、崴脚、中暑、溺水、呛水、烫伤、划伤出血等。当碰到突发情况时，不要慌张，先要判断病情，如果问题严重在自救的同时拨打求助电话，寻求专业救助；如果病情较轻，可先进行自我救助，根据后续进展再决定是否拨打求助电话。

学习目标

知识与技能目标：了解在户外旅游、娱乐活动、校园生活等中存在的潜在不安全因素，能够掌握基本的自救常识，并且掌握几种常用的求助电话。

过程与方法目标：通过案例分析引发学习兴趣，加强互动沟通交流；通过知识讲解和演练增强印象。

情感、态度与价值观目标：通过学习，培养学生出入相伴，守望相助的优良品德。

学习重点：了解户外旅游、娱乐活动、校园生活中存在的潜在不安全因素；熟悉几种常用的救助电话并会使用。

学习难点：自救方式方法的学习与实践。

第一节 自 救

导入

2011 年暑期，在河边长大的赵宝瑞，自小喜欢游泳。天气的炎热，河水的清澈，更激发

了赵宝瑞下河耍水的欲望。他叫上几个同伴一起来到小镇外的一条野河中游泳。来到河边，他们迫不及待地跳下水：仰泳、蛙泳、扎猛子……他们时而各自游着，时而聚在一起嬉戏，玩得不亦乐乎，忘乎所以。突然，赵宝瑞大叫："不好，我腿抽筋啦！"只见他在水里挣扎了几下，就沉了下去。开始，伙伴们还以为赵宝瑞又在跟他们开玩笑，等数分钟后醒悟过来，悲剧已经发生了。

思考讨论

1. 游泳时，有哪些安全隐患？
2. 当安全事故发生时，如何自救？

一、什么是自救

在户外旅游、娱乐活动、校园生活中会发生很多突发性的伤害事故，包括摔伤、崴脚、中暑、溺水、呛水、烫伤、划伤出血等，当碰到这种情况时，无论情况复杂与否，事态严重与否，第一时间都需要进行自救，从而将伤害降到最低。

自救就是在碰到安全事故发生时，在没有其他专业人员的帮助下，依靠自己或周边的力量脱离危险，或将伤害降到最低。

案例

李玉刚是机电1班的学生，晚上21点下课后，在下楼时与同学打打闹闹，踩空了几节楼梯，顿时感觉左脚一阵剧痛，并伴有麻木感。李玉刚强忍着泪水，由几个同学架着回了宿舍，回到宿舍后卧床休息，等到了凌晨1点，脚痛难忍，向辅导员打电话求助。

思考讨论

1. 李玉刚哪些方面做得不对？
2. 在上下楼时应该避免哪些安全隐患？

二、安全事故与自救方法

（一）摔伤、崴脚

在发生摔伤、崴脚事故时，需要注意以下几点：

（1）冷敷，避免揉搓。一般损伤会引起毛细血管破裂，组织液渗出，如果用力揉搓会加重水肿，因此应避免揉搓。受伤后第一步就是要冷敷受伤部位，最好用冰块，如果没有可以用凉水冲。血管受凉压缩，肿胀就会控制下来，如未骨折，可喷些云南白药等药物后休息。

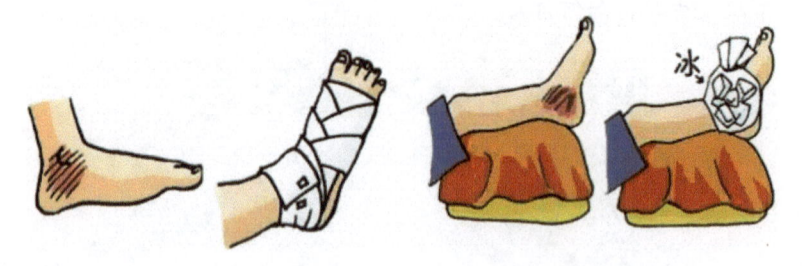

（2）判断是否骨折。一般来说，是否发生骨折，可从伤后症状及功能障碍两方面加以分析。

伤后症状：如果受伤处剧烈疼痛，局部肿胀明显，有严重的皮下瘀血、青紫，出现外观畸形时，则发生骨折的可能性较大。

功能障碍：当伤其手臂时，会出现手的握力差，甚至无法提起东西；下肢受伤后则不能站立或行走；腰部骨折后只能平卧而不能处于坐位，均应考虑是否已发生骨折，需要专业人员救治。

（二）中暑

中暑后体温升高的程度及持续时间与病死率直接相关。因此，发现中暑患者，应迅速采取以下急救措施，减少或防止悲剧事件的发生。

【视频10-1 视频 防暑小知识】

（1）将患者转移到阴凉通风处。

将患者转移到阴凉通风处休息，使其平卧，头部抬高，松解衣扣。

（2）补充体液。

如果中暑者神志清醒，并无恶心、呕吐症状，可饮用含盐的清凉饮料、茶水、绿豆汤等，以起到降温、补充血容量的作用，也可饮淡盐水（0.2%～0.3%氯化钠溶液）。对神志不清的病人，最好不要喂水，以防误吸。有条件者，可静脉注射5%葡萄糖生理盐水或复方氯化钠溶液。

（3）人工散热，物理降温。

有条件时，可用电扇通风或空调降温，促进散热，但不能直接对着病人吹风，防止造成感冒。也可采用物理降温，如用冷水或用冰袋置于病人的头、颈、腋下、腹股沟等处，或用酒精擦病人的头、颈、腋下、腹股沟等处，都可达到迅速降温的效果。如无低血压或休克表现，将患者躯体浸入27～30摄氏度的水中15～30分钟，也可达到迅速降温效果。对血压不稳定者，可采用蒸发散热降温，如用23摄氏度冷水反复擦拭皮肤，同时用电风扇或空调促进散热。

（4）拨打急救电话。

对重度中暑者，在采取上述措施的同时，应立即拨打120，将患者迅速送往有条件的大医院急诊科进行治疗。

（5）密切观察，随时抢救。

在人工复苏抢救和转移病人过程中，应密切观测病人神志、呼吸和脉搏。对昏迷者，将其头后仰，保持呼吸道通畅。一旦发现病人呼吸、心跳停止应立即进行口对口人工呼吸和胸外心脏按压复苏。

【视频10-2 视频 溺水时怎么办？】

（三）溺水、呛水

（1）溺水之后要冷静。

溺水后，首先应保持镇静，不要手脚乱动拼命挣扎，以减少被水草缠绕的可能，保持体力。人体在水中保持静止，不乱扑动，就不会失去平衡，也可避免下沉过快。

(2) 放松身体保上浮。

除呼救外，落水后立即屏住呼吸，踢掉脚上的鞋，然后放松肢体，当感觉开始上浮时，尽可能地保持仰位，使头部后仰，使鼻部可露出水面呼吸，呼吸时尽量用嘴吸气、用鼻呼气，以防呛水。吸气要深，呼气要浅。因为肺就像一个大气囊，深吸气时，人体比重降到 0.967，比水略轻，可浮在水面上；而呼气时人体比重为 1.057，比水略重，不能浮在水面上。

(3) 不图脑袋露水面。

试图将整个头部伸出水面，是一个致命的错误，因为对于不会游泳的人来说，将头伸出水面是不可能的，这种必然失败的做法将使落水者更加紧张和被动，从而使自救行动功亏一篑。

(4) 听从指挥救上岸。

当救助者出现时，落水者只要还存在理智，就不可惊慌失措地抓、抱救助者的手、腿、腰等部位，要听从救助者的指挥，让其带着自己游上岸，否则，会加大救助者的救助难度，甚至危及救助者的性命。

(5) 小腿抽筋急解救。

会游泳的人发生溺水，手足抽筋是最常见的原因。抽筋主要是由下水前准备活动不充分、水温偏低或长时间游泳过于疲劳等原因造成的，小腿抽筋时会感到小腿肚子突然发生痉挛性疼痛，此时可改用仰泳体位，自己主动或救助者尝试往前蹬患侧的腿，使大拇趾朝脚背方向牵拉，然后按捏患侧腿肚子，即可缓解。若手腕部肌肉痉挛，可将手指上下屈伸，另一只手辅以按捏即可。

（四）烫伤

现场自救是烧伤后最早的治疗环节，它可以有效地减轻损伤程度，减少病人痛苦，降低并发症和死亡率，为进一步治疗创造有利条件。

（1）消除致伤原因。

发现有人烫伤，应立即脱去浸湿的衣物，如某处衣肉粘连太紧时，不要强行撕下，先剪去未粘连部分，暂留粘连部分。

（2）冷疗。

冷疗适用于中小面积的烫伤，可减轻疼痛、减少渗出和水肿。将烧伤创面在自来水下淋洗或浸入冷水中（水温以伤员能耐受为宜，一般为15～20摄氏度，热天可在冷水中加冰块），或用冷（冰）水浸湿毛巾、纱垫等敷于创面，越早越好，冷疗的时间无明确限制，一般掌握到冷疗停止后不再有剧痛为止，多需0.5～1个小时。

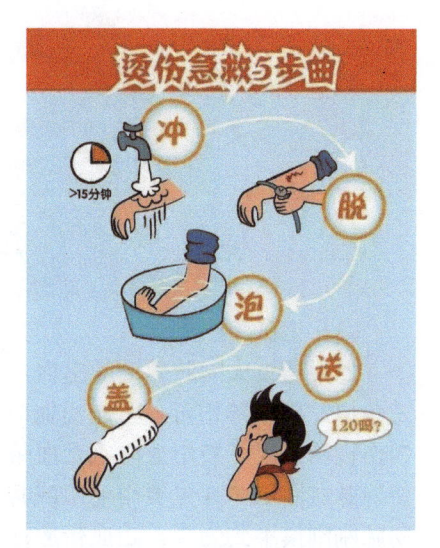

（3）保护创面。

现场急救时应注意对烧伤创面的保护，防止再次损伤或污染。尽可能保留水疱皮的完整性，不要撕去腐皮，可用干净的床单、衣服或塑料等进行简单包扎。创面不可涂有色药物（红、紫药水）以免影响后续治疗中对烧伤程度的判断。

（4）转送治疗。

送往医院原则上应就近急救，但危重患者，当地无条件救治，需及时转送至条件好的医院。转送时需要注意以下几个方面：首先要保证输液，减小休克发生的可能性；其次要保持患者呼吸道通畅；再次应对创面进行简单包扎，以防途中再损伤或污染；最后途中要尽量减少颠簸。

（五）划伤出血

外伤出血分为外出血和内出血。内出血如胸腔内、腹腔内和颅内出血，情况较严重，现场无法处理，需紧急送到医院处理。下面介绍几种外出血的简单止血法。

（1）包扎法止血。

包扎法止血一般限于无明显动脉性出血。对于小创口出血，有条件时先用生理盐水冲洗局部，再用消毒纱布覆盖创口，用绷带或三角巾包扎。无条件时可用冷开水冲洗，再用干净毛巾或其他软质布料覆盖包扎。如果创口较大而出血较多时，要加压包扎止血。包扎的压力应适度，以达到止血而又不影响肢体血液流动为宜。严禁将泥土、面粉等不洁物撒在伤口上，造成伤口进一步污染，而且给下一步清创带来困难。

（2）指压法止血。

此法用于急救时处理较急剧的动脉出血。它是一种简单有效的临时性止血方法，根据动脉的走向，用拇指压住出血的血管上方（近心端），使血管被压闭住，阻断血液来源，能迅速有效地达到止血目的，缺点是止血不易持久，而且需事先了解正确的压迫点才能见效。

177

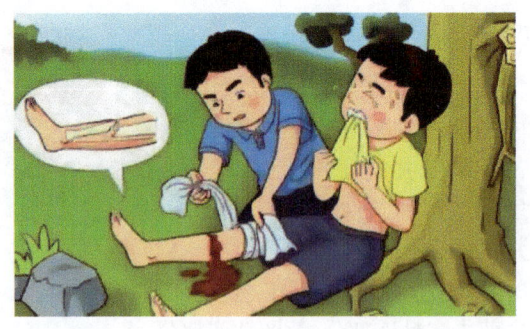

(3) 止血带法止血。

如果是较大的肢体动脉出血，且为运送伤员方便起见，应上止血带，橡皮带、宽布条、三角巾、毛巾等均可。上肢出血时，止血带应结扎在上臂的上 1/3 处，禁止扎在中段，避免损伤桡神经。下肢出血时，止血带应扎在大腿的中部。上止血带前，先要将伤肢抬高，尽量使静脉血回流，并先要用毛巾或其他布片、棉絮作垫，然后再扎止血带，以止血带远端肢体动脉刚刚摸不到为度。止血带应松紧适宜，过紧易损伤神经，过松则不能达到止血的目的。扎好止血带后，一定要做明显的标记，写明上止血带的部位和时间，以免忘记定时放松，造成肢体缺血时间过久而坏死。上止血带后每半小时到一小时放松一次，放松 3~5 分钟后再扎上，放松止血带时可暂用手指压迫止血。

第二节　求助电话的使用

导入

2015 年 11 月 15 日 23 时至次日 1 时许，北京 110 报警服务台多次接一张姓男子扬言杀人的警情。后据民警详细调查，该名男子近两年内多次酒后拨打 110 恶性滋扰，曾因此被警方拘留处理。民警于 11 月 16 日清晨将张某抓获。经审查张某交待，称于 11 月 15 日 23 时至次日 1 时许，酒后在怀柔区原栖镇某地多次用手机拨打 110 电话报警谎称杀人。

依据《中华人民共和国治安管理处罚法》，张某因虚构事实、扰乱公共秩序被警方处以行政拘留的处罚。

思考讨论

从上述案例你得到怎样的启发？

一、正确拨打 110 报警服务电话

（1）110 免收电话费，各种公用电话均可直接拨打，也可用手机、固定电话直接拨打，如果是误拨，请立即挂断。

（2）发生紧急情况时，要抓紧时间报警，以免贻误时机。报警时要保持冷静，提前组织好自己的语言，语言要清晰，当 110 报警服务台满负荷接警时，需稍等片刻。

【视频 10-4 正确拨打 110】

（3）报警内容要真实，不能谎报警情。报警时请讲清案发的时间、方位、你的姓名及联系方式等。如对案发地不熟悉，可提供现场附近具有明显标志的建筑物、大型场所、公交车站、单位名称等。

（4）报警后，要保护好现场，以便民警到场后提取物证、痕迹。

（5）未成年人遇到刑事案件时，应首先保护好自身安全，再进行报警。

二、正确拨打 114 信息服务电话

（1）114 收取正常通信费用，各种公用电话均可直接拨打，也可用手机、固定电话直接拨打。

（2）在我们遇到信息服务困难时，可以拨打 114 电话，传统业务有优先报号、语音报号、品牌查询、查询转接、临时报号、企业冠名、列名查询、排序报号、媒体延伸等。

（3）增值服务有 118114 法律顾问、教育导航、健康顾问、如意折扣、话匣子、就业顾问等。

三、正确拨打 119 火警求助电话

（1）119 免收电话费，各种公用电话均可直接拨打，也可用手机、固定电话直接拨打。

（2）拨打 119 时，必须准确报出失火方位。如果不知道失火地点名称，也应尽可能说清

楚周围明显的标志，如建筑物等。

（3）要尽量讲清楚起火部位、着火物资、火势大小、是否有人被困等情况。

（4）应在消防车到达现场前设法扑灭初起火灾，以免火势扩大蔓延。扑救时需注意自身安全。

（5）119还承担其他灾害或事故的抢险救援工作，包括各种危险化学品泄漏事故的救援；水灾、风灾、地震等重大自然灾害的抢险救灾；空难及重大事故的抢险救援；建筑物倒塌事故的抢险救援；恐怖袭击等突发性事件的应急救援；单位和群众遇险求助时的救援救助等。

四、正确拨打120医疗急救电话

（1）120免收电话费，各种公用电话均可直接拨打，也可用手机、固定电话直接拨打。

（2）拨通电话后，应讲清病人的所在方位、年龄、性别、发病时间和发病表现，如胸痛、意识不清、呕血、呕吐不止、呼吸困难等。如果不清楚确切地址，应说明大致方位，如大型场所、公交车站等。

（3）如果是意外伤害，要说明伤害的性质，如触电、爆炸、塌方、溺水、火灾、中毒、交通事故等，并报告受害人受伤的身体部位和情况。

（4）如果了解病人的病史，在呼叫急救服务时应提供给急救人员参考，尽可能说明你的特殊要求，并了解清楚救护车到达的大致时间，准备接车。

五、正确拨打 122 交通事故报警服务电话

（1）122 免收电话费，各种公用电话均可直接拨打，也可用手机、固定电话直接拨打。

（2）拨打 122 电话时，必须准确报出事故发生的地点及人员、车辆伤损情况。

（3）双方认为可以自行解决的事故，应把车辆移至不妨碍交通的地点，协商处理；其他事故需变动现场的，必须标明事故现场位置，把车辆移至不妨碍交通的地点，等候交通警察处理，在交通警察到达现场前应注意保护现场。

（4）遇到交通事故逃逸车辆，应拍照或记下肇事车辆的车牌号；如没有看清肇事车辆的车牌号，应记下肇事车辆的车型、颜色等主要特征。

（5）交通事故造成人员伤亡时，应立即拨打 120 急救电话，同时不要破坏现场和随意移动伤员。

有关法律法规

《中华人民共和国治安管理处罚法》第 25 条规定："散布谣言，谎报险情、疫情、警情或者以其他方法故意扰乱公共秩序的，处 5 日以上 10 日以下拘留，可以并处 500 元以下罚款；情节较轻的，处 5 日以下拘留或者 500 元以下罚款。"

小　　结

本章通过案例分析、讨论总结等方式介绍了在户外旅游、娱乐活动、校园生活中存在的安全隐患，以及在发生安全事故时的自救措施，并学习了如何正确使用常见的几种求助电话。

自我拓展练习

（1）2005 年 6 月 25 日，衡阳、长沙 5 名中专学生联合包乘罗茂华驾驶的出租车由衡阳市区驶往南岳，想赶在第二天清晨在衡阳观日出。当车由南向北行至 G107 线某路段时，遇前方两行人往公路右边行走，因罗茂华驾车超速行驶，处置不当，盲目向左打方向灯驶入对方车道，与相对方向行驶的，装载 7.66 吨酒精的重型麻式奥铃货车（该车核定载重量 7435 千克）相撞，货车向前将出租客运轿车推挤 51.85 米后停下来，造成出租客运轿车上 6 人当场死亡。

请回答：

如果这时你在现场，你应该怎么办？

（2）天津市某财经学校的63名学生某天中午在学校食堂吃午饭，有同学吃的是炒饭，也有同学吃的是包子。下午两点多，有一个同学开始上吐下泻，随后越来越多的同学也有同样的反应，开始出现腹泻、发烧、口吐白沫等症状。

请回答：

如果你是这个学校的一名学生，发现这种情况，你应该如何做？

参考文献

[1] 卓铭，陈伟权，张英. 安全伴我行——学生安全教育[M]. 北京：国家行政学院出版社，2018.

[2] 陈武，张卫平. 大学生安全教育探新[M]. 北京：北京理工大学出版社，2013.

[3] 巫殷文. 学生安全教育手册[M]. 北京：经济科学出版社，2008.

[4] 刘国奇. 新形势下的大学生安全教育[M]. 北京：人民邮电出版社，2017.

[5] 王焕斌. 高校安全警示教育教程[M]. 北京：科学技术文献出版社，2016.

[6] 郑明月. 大学生安全知识读本[M]. 长沙：国防科技大学出版社，2010.

[7] 刘跃进. 军事安全的概念与内容[J]. 新华月报，2017（8）：4.

[8] 汤习成. 校园安全[M]. 北京：中国劳动社会保障出版社，2007.

[9] 王建林. 校园安全教育读本[M]. 北京：中国人民大学出版社，2018.

[10] 唐娣芬，王争辉，李晓林. 大学生安全教育[M]. 长沙：国防科技大学出版社，2013.

[11] 李晋东. 大学生安全教育读本[M]. 西安：陕西师范大学出版社，2007.

[12] 赵升问. 大学生安全教育[M]. 北京：人民邮电出版社，2009.

[13] 罗京宁. 安全教育读本[M]. 北京：电子工业出版社，2009.

[14] 曹广龙. 大学生安全教育[M]. 镇江：江苏大学出版社，2010.

[15] 杨新生. 大学生安全教育[M]. 北京：机械工业出版社，2010.

[16] 王海霞，赵惠娟. 安全教育[M]. 济南：山东科学技术出版社，2019.

[17]《交通大辞典》编辑委员会. 交通大辞典[M]. 上海：上海科学技术文献出版社，2008.